FUERTEVENTURA

IN BILDERN

Raimundo Rodríguez

Títel: FUERTEVENTURA IN BILDERN
Texte: Raimundo Rodríguez
Fotos: **Geologie**: Enrique Bernal (4/4/16/23). **Landschaften**: Enrique Bernal (41/58/59/74/75/102/104/106/108). **Flora**: Gerardo García (1/2/4/9/10/18/19/22/23/24/30/33/40/41/43/44/45/50/56/57/58/59/60/61/62/63/64/65/71/72/73/74/75/76/77/78/79/80/81/84). Ana Trujillano (3/6/11/12/13/16/25). Sara Rodríguez (94/100). **Fauna**: Enrique Bernal (97). Ana Trujillano (1/4/5/98). Gerardo García (10/12/13/14/15/16/17/18/19/20/21/22/23/24/25/26/27/28/29/30/31/32/33/34/35/36/37/38/39/40/41/42/43/44/45/46/47/48/49/50/51/52). Nigel Collingwood (53/54/55/56/57/58/59/60/61/62/63/64/65/66/67/68/69/70/71/72/73/74/75/76/77/78/79/80/81/82/83/84/86/87/88/89/90/91/92). Eduardo Rodríguez (99). José Villalobos (106). **Naturschutzgebiete**: Enrique Bernal (19/24/25/42/47). Pablo Soriano (6/7). Sara Rodríguez (23). Sofía Menéndez (32/33). **Kulturerbe**: Pablo Soriano (43). **Betancuria**: Sara Rodríguez (13). Alle weiteren Fotos: Raimundo Rodríguez.
Luftaufnahmen: Grafcan S.A.
http://www.grafcan.com
Übersetzungen: Deutsch: Martin Kreutzer (martinkr@telefonica.net)
Englisch: Nigel Collingwood / Katherina Stanley
Französisch: Alain Randon
Satz, Druck und Einband: Tecnographic S.L.
Polígono Industrial Calonge
c/ Metalurgia, 87
41007 Sevilla
+34 954 35 00 03 - +34 954 35 66 62 - Fax: +34 954 43 46 24
Erste Ausgabe: Februar 2011
Offizielle Registriernummer: SE-971/2011
ISBN: 978-84-931074-8-2
Herausgeber und Vertrieb: RAI Ediciones
C/ García Hernández, 7
35630 Antigua. Fuerteventura. España
928 87 83 09 - 608 15 84 51
e-mail: rai.mundo@jet.es
http://web.jet.es/rai.mundo

INHALTSVERZEICHNIS

ANMERKUNG DES AUTORS

Das vorliegende Buch ist mein zweites Buch über Fuerteventura. Meine Entscheidung, ein zweites Mal über diesen unvergleichlichen Ort zu schreiben, entspringt der Überzeugung, dass man hier Wissen erwerben kann, das sich auch an anderen Orten der Welt anwenden lässt.

Eines der wichtigsten Merkmale der Insel ist die Reinheit und Einfachheit ihrer Landschaften, was uns erlaubt, die geologischen und biologischen Vorgänge, die hier stattgefunden haben, gut zu verstehen.

Es gibt nur wenige Plätze auf der Welt, wo man die Elemente, die unsere Welt geformt haben, mit bloßem Auge sehen kann, wo es Pflanzen gibt, die nur dort wachsen und wo seltene Zugvögel auf ihren Reisen Rast machen oder sich entscheiden, heimisch zu werden und sich an die Bedingungen der Umgebung anzupassen. Dies alles geschieht täglich um uns herum, ohne dass wir in unseren alltäglichen Leben davon Kenntnis nehmen.

Dieses Buch soll mein erstes Buch, in dem mir einfach Platz fehlte, ergänzen. Ich wollte die größtmögliche Menge an Daten und Fakten geben, immer im Dilemma zwischen wirtschaftlicher Rentabilität und Tiefgang der Texte. Mir fehlte Platz für mehr Fotos und Bilder, die das, was erzählt wird, illustrieren. Dieses Mal habe ich den Fotos Vorrang gegeben und hoffe, dass Bilder und Texte sich gut ergänzen. Meine Hoffnung ist, zu zeigen und zu erklären, dass die geologischen Theorien das beschreiben, was wir täglich sehen und dass auch wir Lebewesen in einem bestimmten Lebensraum sind. Dies ist sicherlich nicht einfach, jedoch möchte ich mein Scherflein zu diesem Thema beitragen.

Zum genannten Zweck habe ich, neben eigenen Fotografien, fantastische Fotografien von Ana Trujillano und Gerardo García (beide Biologen) sowie Nigel Collingwood (Meeresökologe) benutzt. Alle drei sind Kenner und Liebhaber dieser Insel.

*Ich bin mir bewusst, dass dieses Buch sich an Personen richtet, die den Ort, an dem sie leben, besser verstehen möchten, oder die gekommen sind, um der Insel einen Besuch abzustatten. Deshalb habe ich, im Rahmen des Möglichen, versucht, alles zu vermeiden, was die Lektüre erschwert. Für die Beschreibung bestimmter Dinge musste ich jedoch ein paar ungewöhnliche Wörter benutzen, die man vielleicht schon einmal gehört hat, aber nicht genau weiß, was sie bedeuten. Diese Wörter sind im Text mit einem * markiert und in einem Glossar am Ende des Buches erklärt.*

Ich möchte die Gelegenheit wahrnehmen, Sie auf die extreme Sensibilität der ökologischen Systeme der Insel hinzuweisen und Sie um Ihre Mitarbeit bei ihrer Erhaltung bitten. Es muss ein Weg gefunden werden, wie wir unseren Drang nach Unterhaltung und Erholung mit dem Naturschutz verbinden können. Ich wünsche Ihnen einen erholsamen und interessanten Aufenthalt in den "ruhigen Landschaften" der Insel Fuerteventura.

Raimundo Rodríguez

Anmerkung: Für das schnelle Wiedererkennen der Ortsnamen, die in diesem Buch erwähnt werden, empfehlen wir die Landkarte im Maßstab 1:100.000, die auch von Rai Ediciones herausgegeben wird. Diese Karte erleichtert das Verständnis der geologischen und geomorphologischen Daten, die hier erwähnt werden, und führt Sie immer auf den richtigen Weg.

GEOLOGIE

Für den Ursprung der Inseln gibt es verschiedene Theorien. Die neuste und komplexeste Theorie besagt, dass ein kombinierter Prozess aus unterseeischen Lavaemissionen* und Auffaltungen der Erdrinde unter dem Meer stattfand. Der Stillstand der afrikanischen Scholle hatte eine Kompression der atlantischen Scholle zur Folge.

Die vulkanische Aktivität war nie kontinuierlich. Die verschiedenen Eruptivperioden reichen vom Miozän bis vor wenige Tausende von Jahren. Bei den Materialien, die an die Meeresoberfläche kamen, kann man eine erste Unterscheidung treffen zwischen dem Inselsockel (Basiskomplex)* und anderen, basaltischen* Materialien, die bei überirdischen Vulkanausbrüchen in mehreren Serien ausgeworfen wurden.

Der Basiskomplex, der im mittleren Westteil der Insel zutage tritt, setzt sich aus plutonischem*, Sedimentgestein, subvulkanischem* und unterseeischem Vulkangestein zusammen. Die Sedimentgesteine waren Teil der unterseeischen Erdrinde und besitzen ein Alter von ca. 100 Millionen Jahren (Kreidezeit), d. h., sie entstanden viel früher als der kanarische Magmatismus und fallen mit der Öffnung des Atlantischen Ozeans zusammen.

Untersuchungen der ersten Ausbrüche deuten auf einen Zeitpunkt vor etwa 17 Mill. Jahren hin.

Das Eruptivgestein des ersten vulkanischen Zyklus (Miozän - Tertiär) ist praktisch auf der ganzen Insel zu finden. Diese erste vulkanische Etappe begann vor ca. 17 Mill. Jahren und endete vor ca. 12 Mill. Jahren.

Nach einer langen Ruhephase begann die vulkanische Aktivität wieder vor ca. 5 Mill. Jahren. Diese Eruptionsserie dauerte fast bis in die heutige Zeit (0,01 Mill. Jahre, Pleistozän-Quartär). Die Lava dieser Serie, die vor allem den Nordosten der Insel bedeckte, stammt aus fragmentierteren Ausbrüchen und zeigt einen höheren Anteil an Steinen und Lavabrocken.

Die jüngste Serie fand vor wenigen Tausend Jahren statt und schloss die letzten Eruptionen auf Fuerteventura mit ein.

Da die Insel über lange Zeit praktisch keine geologischen Aktivitäten zu verzeichnen hat, findet man hier ein ausgezeichnetes Beispiel für eine vulkanische Morphologie, die über lange Zeit von der Erosion* umgeformt wurde. Die spärliche Vegetation erlaubt uns, diese Prozesse und die verschiedenen geologischen Einheiten in aller Klarheit zu beobachten.

❶ Die austretenden Lavamassen folgten Rissen mit einer dominanten Richtung, die die heutige Form und Struktur der Inseln sowie ihre Anordnung untereinander und die Ausrichtung der Gesteinsgänge* bestimmten.

❷ Das hohe Alter des Basiskomplexes impliziert eine stärkere Erosion. Hinzu kommt, dass er lange Zeit unter dem Meer lag und hieraus ergibt sich eine sehr sanfte Topografie mit hügeligen, abgerundeten Formen.

❸ In dieser langen Episode, dem sogenannten ersten vulkanischen Zyklus, traten basaltische Materialien aus Erdrissen aus und bildeten riesige vulkanische Formationen aus Tausenden von übereinandergeschichteten Lavaströmen.

Das Aussehen dieser ersten Vulkanformationen ist unverwechselbar und sie bilden, trotz der starken Erosion, immer noch die höchsten vulkanischen "Gebäude" der Insel.

Die Halbinsel Jandía ist eines dieser Gebäude, das von zahlreichen Gesteinsgängen durchzogen ist.

Die derzeitige Halbinsel war vorher eine Insel, die durch eine jüngere und niedrigere Landenge* mit Fuerteventura verbunden wurde.

❹ Lava-Gesteinsgänge zwischen älteren Materialien. Sie sind leicht sichtbar an einigen Stränden und Steilküsten. Die Dichte der Gesteinsgänge im zentralen Bereich der Insel ist weltweit die höchste.

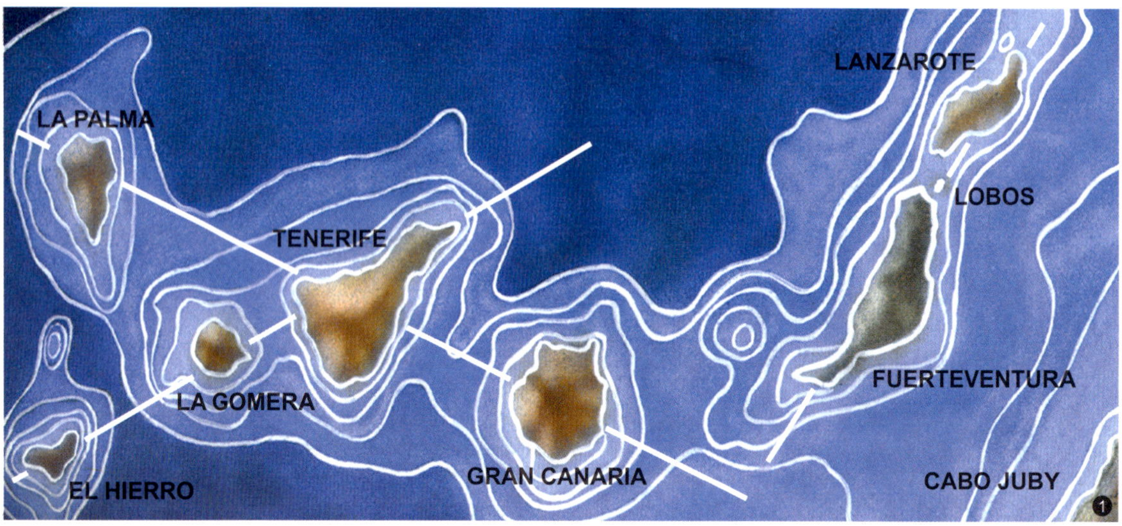

GEOLOGISCHE SÄULE. Die Geologen teilen die Erdgeschichte in drei Äonen ein:

ARCHAIKUM **Erdaltertum**			Die Welt hatte schon einige Kontinentalfelsen, einen Ozean und eine Atmosphäre. Vor 3,5 Milliarden Jahren erscheint das Leben in Form von Algen und Bakterien.		4,6-2,5 Mrd.
PROTEROZOIKUM **Äon des primitiven Lebens**			Es erscheinen die großen Kontinente und Ozeane. Vor 1,8 Milliarden Jahren produzieren die Algen genügend Sauerstoff, der sich im Meer und in der Atmoshäre zu akkumulieren beginnt.		2,5Mrd-600 Mill.
PHANEROZOIKUM **Äon des sichtbaren Lebens** (600 Mill. bis heute) Komplexe und moderne Lebens-formen. Nach Arten und Formen unter-teilt sich dieses Äon in Zeitalter:	**Paleozoikum oder Primär** (600-248 Mill.) Die Zeit-al-ter unter-tei-len sich in Perioden:	**Kambrikum**	Alles Leben spielte sich im Wasser ab. Im Allgemeinen wärmer als heute. Die Berge falteten sich auf und die Vulkane stießen sehr viel Lava aus.		600-505 Mill.
		Ordovizikum	Kontraktion der Ozeane und Erscheinen der ersten Kontinente. Trilobiten, primitive Korallen und viele andere wirbellose Tiere. Fische ohne Kiefer.		505-440 Mill.
		Silur	Durch marine Sedimente entstehen riesige Erdölvorkommen. Erste Pflanzen und Landtiere.		440-408 Mill.
		Devon	Fossilien aus dieser Zeit enthalten die ersten Süßwasserfische und die ersten Amphibien. Es erscheinen die ersten Wälder.		408-360 Mill.
		Karbon	Bekommt seinen Namen durch die Kohlenflöze, die entstehen: Es handelt sich um Reste von tropischen Wäldern. Europa und Nordamerika stoßen mit Südamerika zusammen. Die Antarktis, Australien, Südamerika, Afrika und Indien werden von Eis bedeckt.		360-286 Mill.
		Perm	Vereinigung der Kontinente zu einem. Superkontinent. Die Gletscher weichen nach Süden zurück.		286-248 Mill.
	Mesozoikum oder Sekundär (248-65 Mill.) Zeitalter der Saurier	**Trias**	Bruch des Superkontinents. Große Amphibien (1 m.) u. entwickelte Reptilien(1'5 m.).		248-213 Mill.
		Jurásico	Heißes Klima. Erste Vögel und Säugetiere erscheinen. Große, pflanzenfressende Saurier. Es bilden sich die derzeitigen Kontinente.		213-144 Mill.
		Kreide	In dieser Zeit entstehen 60% der derzeit bekannten Erdölreserven. Blumen mit Blüten und große, fleischfressende Saurier. Massives Sterben der Saurier und anderer Arten, vielleicht durch den Einschlag eines großen Meteoriten.		144-65 Mill.
	Känozoikum oder Tertiär (65-2 Mill.)	**Paleogen** (65-24,6 Mill)	Die Kontinente nehmen ihre heutige Form an. Vögel und Säugetiere bevölkern die Erde. Aufgeteilt in drei Epochen	**Paleozän**	65-55 Mill.
				Eozän	55-38 Mill.
				Oligozän	38-24,6 Mill.
		Neogen (24,6-2 Mill.).	Die heutigen Gebirge werden durch tektonische Bewegungen aufgefaltet. Die Bewegung der kontinentalen Schollen, das Entstehen von Gräben und vulk.Eruptionen lassen unzählige Inseln entstehen, unter ihnen die **Kan. Inseln.**	**Miozän**	24,6-5 Mill.
				Pliozän	5-2 Mill.
	Anthropozoikum oder Quartär (2 Mill. J.- heute)		Mehrmaliges Vordringen und Rückzug der Gletscher. Die letzten großen Eiskappen schmelzen vor etwa 10.000 Jahren. Der Meeresspiegel steigt. Der Mensch entwickelt sich und Fauna und Flora werden weniger.	**Pleistozän oder Eiszeit**	2-0,01 Mill.
				Holozän oder Neuzeit	10.000 bis heute

4

4

4

5

6

7

8

9

10

❺ Die übereinander geschichteten Lavamassen bilden zerklüftete Formen, die durch Geröllfelder im unteren Teil abgerundet wurden.

Durch die Erosion entstanden Schluchten und Einschnitte, die zur Bildung von Felstischen, Felstürmen (dünne und lange Felsen) und isolierten Hügeln geführt hat. Die typischsten der Formationen aus der alten vulkanischen Serie sind die u-förmigen Täler, von denen einige durch jüngere Eruptionen aufgefüllt wurden und somit ein verändertes Landschaftsbild ergeben.

❻ Barranco* de Los Molinos
❼ Cuchillo de Vallebrón
❽ Tablero del Saladillo
❾ Tal von Guisguey

❿ Die vulkanische Serie II schaffte Formationen, die weitaus sanfter als die vorangegangenen sind. Die Lavaströme bedecken weite Flächen und bilden große Ebenen. Montaña de Caima.

⓫ Montaña Roja.

⓬ Basaltformationen aus dieser Serie schließen meist dicke Kalkschichten ein, die auf ein feuchteres Klima als das derzeitige hindeuten. Manchmal sind sie von einer Lehmschicht bedeckt.

⓭ Die Lava aus den jüngsten Ausbrüchen bildete die sogenannten Malpaíses* (schlechtes Land, Lavafelder). Die ausgedehntesten Malpaíses liegen im Norden und im Zentrum der Insel. Vulkankrater (Caldera*) und Malpaís La Arena.

⓮ Ein weiterer bemerkenswerter Aspekt in der Geologie von Fuerteventura ist die große Zahl von erhöhten, flachen Stränden (erhöhte, erodierte Plattformen), die das Auf und Ab des Meeresspiegels und somit die wiederholten Veränderungen der Küstenlinie widerspiegeln. Auf dem Foto sieht man das Profil eines fossilen Strandes zwischen Sedimenten des Basiskomplexes und neueren Lavamassen. Barranco de Ajuí.

⓯ Diese erodierten und nicht sehr dicken Plattformen bildeten den Lebensraum für zahlreiche Organismen, deren Reste einen großen Anteil am hellen Sand ausmachen. Auf dem Foto sieht man fossile Gehäuse an einem erhöhten Strand.

⓰ Dieser Sand lagert sich an den Stränden und Küstenebenen ab und wird vom Wind ins Landesinnere transportiert, wo er sich ablagert und große

12

⓭

⓮

⓯

16

17

17

17

18

19

20

Dünenfelder, die sogenannten Jables* bildet, beispielsweise die Jables* von Jandía, Corralejo und El Cotillo. Düne auf der Windseite (Barlovento) von Jandía.

⓱ Die Kombination von Sandanhäufungen mit verhärteten Krusten (Sandsteinbildung) formt kapriziöse Landschaften. Diese Strukturen kommen vor allem an der Westküste vor: Jable de Salinas, Istmo de la Pared und Cofete.

Wie schon weiter oben erwähnt ist der kanarische Vulkanismus vorwiegend effusiv, das heißt, große Lavamassen fließen aus großen Spalten aus. Diese Lavamassen sind gewöhnlich sehr flüssig. Die wichtigsten vulkanischen Strukturen, die heute noch sichtbar sind und meist aus den jüngsten Eruptionen stammen, sind:

Die "Hornitos" (Öfchen): Es handelt sich um sekundäre Öffnungen, aus denen Lava und Gase entströmten, ohne dass dabei eine größere Struktur entstand.

Vulkanröhren: vulkanische Tunnel, die durch unterirdische Lavaströme entstanden. Die Lava floss unter der verhärteten Oberfläche weiter.

Lavameere, auch "Malpaís" (= schlechtes Land) genannt: weite Flächen, die von zäher Lava bedeckt wurden und nach dem Erkalten eine raue, brüchige und unwegsame Oberfläche bilden.

Aschekegel: vulkanische Formationen, die in ihrer Gesamtheit von Eruptivmaterial (Pyroklasten) aus den letzten Eruptionsphasen bedeckt sind.

Bei den Pyroklasten unterscheidet man verschiedene Arten, abhängig von ihrer Größe:

Asche: feiner Lavastaub (kleiner als 2 mm).

Lapilli (auch Rofe, Picón oder Zahorra genannt): Ausgeschleudertes Material (2 – 20 mm). Wird in der Landwirtschaft wegen seiner hygroskopischen* Eigenschaften benutzt.

Schlacke: größer als Lapilli und mit unregelmäßigen Formen. Wird beim Bau von Mauern benutzt.

Vulkanische Bomben: runde oder ovale Brocken, deren Form durch die Rotation beim Herunterrollen vom Kegel entstand.

Lavakugeln: riesige Lavakugeln, die, ähnlich wie Schneekugeln, beim Herunterrollen am Hang anwachsen.

⓲ Caldera de La Laguna.
⓳ Lavameer und Ausrichtung der Vulkane im Norden der Insel.
⓴ Vulkanröhre La Cueva del Llano. Villaverde. La Oliva.
㉑ In Lapilli eingeschlossener Lehm.
㉒ Lavakugeln.
㉓ Trachyt* in der Nähe des Roque del Moro. Cofete. Jandía.

LANDSCHAFTEN

Mit ca. 100 Km Ausdehnung in Nord-Süd-Richtung ist Fuerteventura die längste Insel des Archipels und die zweitgrößte mit einer Oberfläche von 1.660 Km2, einschließlich der 4,38 Km2 der Isla de Lobos. Sie ist nur 90 km vom afrikanischen Kontinent entfernt.

Vor der nordöstlichen Küste, in nur 2 km Entfernung, liegt die kleine Insel Isla de Lobos. Die Meerestiefe in der kleinen Meerenge zwischen Fuerteventura und Lobos (El Río) schwankt zwischen 9 m und 13 m.

Die 10 km breite Meerenge zwischen Fuerteventura und Lanzarote ist als Estrecho de la Bocaina bekannt und hat eine mittlere Tiefe von 35-40 m. Die Entfernung zur Insel Gran Canaria beträgt ca. 80 km.

Die heutige Landschaft ist das Ergebnis aus dem Zusammenspiel von Konstruktion (Vulkanismus) und Destruktion (Erosion).

Fuerteventura zeichnet sich durch ein ausgereiftes, wenig gebirgiges Relief aus. Die höchste Erhebung ist der Pico de la Zarza auf der Halbinsel Jandía mit 807 m. Das Betancuria-Massiv ist der gebirgigste Teil der Insel. Seine höchste Erhebung ist der Pico de la Atalaya (762 m).

Im geologisch jüngeren Nordteil der Insel gibt es ein ausgedehntes Lavafeld (Malpaís), das durch die Eruptionen im Quartär gebildet wurde.

Im Nordosten ist die Ausrichtung der älteren Vulkankegel Montaña Roja, Caima und Montaña Escanfraga (der höchste Fuerteventuras), deutlich zu sehen.

Im Inneren der Insel, zwischen Tiscamanita und Tuineje, bildeten die Eruptionen die ausgedehnten Lavafelder Malpaís Chico und Malpaís Grande. Diese Formationen bestimmen die weiten Ebenen im Inneren der Insel, die auch die größten Ebenen der gesamten Inselgruppe darstellen. Es sind die sogenannten Paisajes extensos (ausgedehnte Landschaften), deren Ökosysteme* sehr zerbrechlich sind, vor allem bedingt durch die Trockenheit und die Winderosion*.

Im Westen der Insel, im Betancuria-Massiv, findet man die drei zentralen Hauptschluchten (Barrancos*): La Peña, Ajuí und Pájara.

Die Halbinsel Jandía bildet eine vom Rest der Insel unabhängige Einheit. Sie beginnt bei der Landenge Istmo de la Pared, einer nicht sehr hohen und von Sand und Dünen bedeckten Landschaft. In dieser Gegend findet man die längsten und schönsten Strände der Insel und der gesamten Inselgruppe. Die Halbinsel wird durch zahlreiche Täler (Barrancos) durchschnitten, die am Bergrücken zwischen Barlovento (Luvseite*) und Sotavento (Leeseite*) beginnen und zu den Küsten von Sotavento abfallen.

Die Küste ist äußerst abwechslungsreich: niedrige Terrassen und steile Klippen wechseln sich mit zahlreichen Stränden mit unterschiedlichen Merkmalen ab. Die Strände von Barlovento sind rauh und windig, während die Strände von Sotavento ruhig und angenehm sind.

Weite Bereiche der Insel sind mit organischem Sand* bedeckt und bilden ausgedehnte Dünenfelder (Jables*), vor allem in Corralejo im Nordosten und an der Landenge Istmo de la Pared im Süden.

Die wichtigsten Landschaften der Insel stehen unter Naturschutz und deshalb wird diesem Thema weiter unten ein eigenes Kapitel gewidmet.

Machen wir einen virtuellen Streifzug durch die bedeutendsten Landschaften der Insel, von Norden nach Süden. Einige davon werden bei Ihren Ausflügen Ihre Aufmerksamkeit auf sich ziehen.

Die ersten Vulkane, die man in der Nähe der Küste vorfindet, sind der Montaña de La Mancha und der Lomo Blanco, die in Richtung NO-SW ausgerichtet. Drei Kilometer weiter südlich sieht man eine weitere Reihe von Vulkanen, die auf 14 km Länge in der gleichen Richtung aufgereiht sind. Sie reicht von der Caldera Colorada

bis zur Isla de Lobos. Ihr höchster Punkt ist der Bayuyo mit 269 m Höhe. Die Lavaströme, die aus diesen Vulkanen flossen, bildeten das umgebende Malpaís, das bis zum Meer reicht. Jene Eruptionen waren relativ "ruhig" und verteilten sich auf einen langen Zeitraum, jedoch gehörten sie alle zur letzten bzw. jüngsten vulka-

6

7

8

9

❶ Montaña de La Mancha (152 m)
❷ Blick vom Caldera de Bayuyo über das Malpaís. Im Hintergrund der Montaña de La Mancha und Lomo Blanco.
❸ Der Vulkankrater des Calderón Hondo. Dieser geschlossene Krater kann leicht über einen Weg, der in Lajares beginnt, erreicht werden.
❹ Caldera Colorada. Im Hintergrund der Ort Lajares.
❺ Westseite des Calderón Hondo mit einer eingestürzten vulkanischen Röhre, im Frühling.
❻ Ausrichtung der Vulkane Calderón Hondo, Caldera Encantada, Caldera Rebanada, Bayuyo und Montaña San Rafael. Dahinter die Insel Lobos.
❼ Ostseite des Calderón Hondo.
❽ Sandablagerungen bei Majanicho.
❾ Die Dünenfelder von Corralejo.

10

nischen Serie. Teile dieser Lavafelder wurden anschließend überdeckt, wie beispielsweise El Cotillo, Majanicho und Corralejo, wo der angewehte, organische Sand* die Eintönigkeit der Landschaft durchbricht. Acht Kilometer weiter südlich findet man zwei weitere Aufreihungen von Vulkanen, die zwei parallelen Erdrissen folgen, jedoch aus verschiedenen geologischen Zeitaltern stammen.

Die erste, mit den Vulkanen Caldera Blanca, Pajarita und Montaña Negra gehört zur jüngsten vulkanischen Serie. Die zweite, mit den Vulkanen Montaña Roja, Caima und Escanfraga gehört zum zweiten vulkanischen Zyklus. Die großen Vulkankegel der letztgenannten

11

12

13

14

Serie warfen große Lavamengen aus. Weite Teile dieser Lavafelder sind von Schwemmland überdeckt, das landwirtschaftlich genutzt wird. Die grünlichen und orangefarbenen Flecken in den Lavafeldern werden von Flechten* (hauptsächlich Roccella tinctoria und Xanthoria) gebildet, die der trockenen Landschaft Farbtupfer aufsetzen.

Hervorzuheben sind auch der Vulkan Montaña de la Arena zwischen Lajares und La Oliva und das zugehörige Lavafeld (Malpaís). Zusammen mit den Vulkanen Los Saltos und Mal Nombre gehören sie zu den jüngsten Eruptionen des Quartär auf Fuerteventura.

---

10 Blick vom Caldera de Bayuyo auf Lobos und das Dorf Corralejo.
11 Blick vom Dorf Villaverde über die Ausrichtung des Montaña Negra (im Vordergrund) und der benachbarten Vulkane.
12 Caldera Blanca.
13 Montaña Pajarita. Sichtbare Narben des Lapilli-Abbaus.
14 Montaña Negra.
15 Montaña de Caima u. Escanfraga.
16 Blick vom Montaña Roja auf die Ausrichtung der Vulkane Montaña Roja, Caima und Escanfraga.
17 Montaña Roja.
18 Agavenfelder an den Ausläufern des Escanfraga.
19 Blick vom Montaña de la Arena über das nördliche Malpaís de La Arena. Im Hintergrund Lanzarote.

20

21

Östlich der Landstraße nach La Oliva sieht man flachere Landschaften mit kalkhaltigen Böden, die von sanften Hügeln durchzogen sind. Hierzu gehören sehr alte geologische Formationen wie Montaña Prieta, El Fraile, Los Corrales sowie Montaña Blanca und Milocho. Sie stellen die höchsten Erhebungen des Basiskomplexes dar. Weiter südlich ragt der Montaña de Tindaya aus der Ebene, ein herrliches Beispiel für die trachytische* Intrusion*. Von diesem Vulkan bis zum Meer hin erstreckt sich eine weite Ebene, die durch marine Erosion entstanden ist. Es handelt sich um eine erhöhte Meeresplattform. Teile der Landschaft sind von fossilem, weißem Sand bedeckt, wie beispielsweise das Gebiet bei El Jablito und das Tal (Barranco) von Esquinzo. Die Ebene wird von drei Tälern durchschnitten, die bis ans Meer reichen: Esquinzo, Tebeto und Jarugo. Das letztgenannte Tal wurde mit Lava des Montaña Negra aufgefüllt und führt in seinem unteren Teil fast während des ganzen Jahres Wasser.

Auf der Ostseite der Insel entstanden Felsnadeln, Felstische und weite Täler wie beispielsweise Vallebrón, Valhondo und Guisguey, die auf einer breiten Küstenebene enden. Diese Formationen gehören zum ersten vulkanischen Zyklus. Sie sind typisch für diese Epoche und sind auch im Gebiet zwischen Pozo Negro und Vigán sichtbar.

Die weiten Ebenen im Inneren sind charakteristisch für Fuerteventura, da es auf den anderen Inseln des Archipels

22

23

⑳ Ebene im Westen von Tindaya. Im Hintergrund die Vulkane Blanca und Milocho. Eine steinige Ebene mit verkrusteten Böden, Sand und kleinen Dünen, die in der Vegetation verankert sind.

㉑ Die Dünen von El Jablito. Ein Gebiet mit großen Sandanhäufungen, die zum größten Teil versteinert sind und sich an die östlichen Hänge der Berge anlehnen.

㉒ An großen Salzhaferpflanzen verankerte Dünen an der Mündung des Tals von Jarugo.

㉓ Barranco de Jarugo.

㉔ Malpaís des Montaña Negra. Im Hintergrund La Muda (689 m) und El Aceitunal (686 m).

㉕ Krater des Montaña Negra. An seinen Hängen steht die Statue des Philosophen Miguel de Unamuno, als Dank für seine schriftlichen Erwähnungen dieses Vulkans.

㉖ Montaña de Tindaya (401 m). Dieser Vulkan war eine Kultstätte der Ureinwohner der Insel.

㉗ Montaña del Frontón. Das Ende einer der östlichen Felstürme.

24

25

26

27

keine solchen Ebenen gibt. Sie sind vom Betancuria-Massiv, den östlichen Felstürmen und u-förmigen Tälern, die typisch für die alten Gebirgsmassive sind, umgeben.

Südlich dieser zentralen Ebenen findet man das Malpaís Chico, das durch Eruptionen des Caldera de Gairía (461 m) entstand, und das Malpaís Grande, das durch Eruptionen aus den aufgereihten Vulkanen Caldera de la Laguna (301 m), Caldera de Liria (254 m), La Caldereta und Caldera de los Arrabales (242 m) entstand.

Aus diesen jüngeren vulkanischen Ebenen ragen, wie kleine Inseln, geologische Zeugen aus der Zeit des ersten vulkanischen Zyklus heraus, wie beispielsweise Montaña de Parrado und La Torrecilla.

Im Westen der Insel befindet sich das Betancuria-Massiv mit den drei zentralen Haupttälern: die Täler (Ba-

---

28 Felstisch bei La Matilla.

29 Pico de la Fortaleza (597 m).

30 Montaña Bermaja (323 m). Ein vereinzelter Vulkan mit roter Asche.

31 Blick in Richtung Norden vom Morro Velosa im Betancuria-Massiv. In der Mitte des Fotos die Vulkane Montaña Bermeja, Montaña Negra und Montaña de Tindaya. Rechts die zentralen Felstürme La Muda und El Aceitunal.

32 Blick nach Osten vom Morro Janana, im Betancuria-Massiv. Unten das Dorf Antigua. Dahinter der Felsturm Cuchillo de la Rosa del Taro.

33 Blick vom Caldera de Gairía über das Malpaís Chico. In der Mitte Montaña Parrado, rechts der Caldera de La Laguna und im Hintergrund die östlichen Felstürme, die die Täler von Pozo Negro, La Cueva, Jacomar und Gran Valle überragen.

34 Optischer Effekt in den zentralen Ebenen. Das Zusammenspiel der hohen Luftfeuchtigkeit und der Verdunstung am Boden ergibt einen seltenen, atypischen Regenbogen. Solche Phänomene stehen am Anfang alter Legenden, wie der von den Lichtern von Mafasca.

35 Caldera de La Laguna, ein teilweise abgebauter Aschekegel mit schwarzer und roter Asche.

36 Als Abgrenzung zwischen den Feldern werden oft Agaven benutzt.

31

32

33

34

35

36

rrancos) von La Peña, Ajuí und Pájara. In das letztgenannte Tal mündet die Schlucht von Las Peñitas, eine sehr tiefe und geschichtsträchtige Schlucht, denn durch sie zogen Béthencourt und Gadifer de La Salle, vom Hafen Puerto de la Peña kommend, ins Landesinnere, um die Insel zu erobern.

Der Engpass Mal Paso hat sich in den äußeren Gesteinsgang einer runden geologischen Struktur mit plutonischem Ursprung eingegraben und wird vom Pico de las Aguilillas und dem Risco de Las Peñas flankiert. Die glatten Wände werden von einer komplexen Struktur aus verschieden dicken Gesteinsgängen gebildet. Die einzelnen geologischen Schichten sind sehr gut sichtbar. Erwähnenswert sind auch die zahlreichen Anbauterrassen* sowie die Tamarisken -und Palmenhaine, die sich durch das ganze Tal ziehen. Auf dem Grund der Schlucht steht die Kapelle Virgen de La Peña und man sieht den Staudamm Las Peñitas, ein hervorragender Ort für die Beobachtung von Wasservögeln.

In allen diesen Tälern und Schluchten fällt die hohe Konzentration von Gesteinsgängen in grünlichen Felsbändern auf. Sie gehören zum Basiskomplex mit unterseeischem, sedimentärem Ursprung vor rund 100 Millionen Jahren.

Südlich des Betancuria-Massivs tauchen Formationen des ersten

---

37 Krater des Caldera de Gairía.
38 Caldera de los Arrabales.
39 Stausee der Catalina García, südlich von Tuineje. Dahinter der Montaña de Tamasite.
40 Blick vom Vigán-Massiv auf das Tal Valle del Roque. Dahinter die Dörfer Las Playitas und Gran Tarajal.
41 Landstraße von La Vega de Río Palma nach Pájara.
42 Engpass Mal Paso. Im Vordergrund die Höhlenkapelle der *Virgen de la Peña*. Hier versteckten die Eroberer das Abbild der Jungfrau, die heute Schutzpatronin von Fuerteventura ist.
44 43 Tal und Stausee von Las Peñitas.
45 In diesen Tälern gibt es viele Anbauterrassen, auf denen das Schwemmland und die geringen Niederschläge optimal genutzt werden.
46 Wasserräder, die die Windenergie für den Antrieb nutzen.
47 Montaña de la Fuente, auf dem Basiskomplex südlich von Pájara.

40

41

42

43

44

45

46

47

48

49

50

51

52

vulkanischen Zyklus bzw. der alten Serie aus dem Basiskomplex auf. Am spektakulärsten ist der Montaña Cardón. Da er stark erodiert ist, werden alle Eruptionsperioden, Gesteinsgänge und Lavafronten sichtbar.

Ab diesem Punkt wird das Gelände immer flacher, bis zu dem Bereich, wo vor Jahrtausenden die Insel aufhörte. Kurz vor der Küste lag die andere Insel: Jandía. Durch das Ansteigen und nachfolgende Abfallen des Meeresspiegels während der Eiszeiten* der letzten zwei Millionen Jahre verbanden sich die beiden Inseln durch den Teil, den man heute als die Landenge* (Istmo) von La Pared bezeichnet.

Mit der Zeit wurden die Basaltformationen mit Sand bedeckt. Man unterscheidet ein altes Dünenfeld aus verhärtetem Sand, das mit einer Kalkschicht bedeckt ist, und ein jüngeres Dünenfeld, das, angetrieben vom Wind, die Landenge von der Luvseite zur Leeseite durchquert und somit die Landschaft ständig verändert.

Nach der Überquerung der Landenge kommt man zum alten Jandía-Massiv. In diesem riesigen vulkanischen Gebäude, das stark erodiert ist, findet man keine Hinweise auf jüngere Eruptionen. Der lang andauernde Erosionsprozess hat tiefe Täler auf der Südseite und schroffe Klippen auf der Nordseite geschaffen. Das Relief deutet darauf hin, dass diese Halbinsel früher

53

54

55

---

48 Montaña Cardón.

49 Montaña Sicasumbre (528 m), westlich vom Montaña Cardón. Hier sieht man Eruptionen aus dem ersten Zyklus auf dem Basiskomplex.

50 Kapelle der Virgen del Tanquito am Westhang des Montaña Cardón.

51 Windgeneratoren an der Landenge Istmo de La Pared.

52 Sandsteinbildung an der Küste der Landenge.

53 Blick vom Alto del Granillo auf den Istmo de La Pared.

54 Die Landenge wird von kurzen, kleinen Tälern durchschnitten. Das größte ist das hier abgebildete Cañada del Río.

55 Die Westküste der Landenge besteht aus einer Plattform, die von der Küstenebene durch alte Materialien abgeschnitten wird und eine natürliche Strandpromenade bildet.

56

57

58

59

60

61

62

größer war und nun teilweise vom Meer bedeckt ist.

Auf Jandía findet man die größten Strände, die höchsten Erhebungen und den größten botanischen Reichtum der Insel Fuerteventura.

Auf der zerklüfteten Rückseite des Massivs findet man die höchsten Erhebungen der Insel: La Zarza (807 m), El Fraile (683 m) und La Palma (659 m). Von hier aus fallen die Täler und Schluchten (Barrancos) nach Süden ab. Die wichtigsten sind: Los Canarios, Mal Nombre, Esquinzo, Butihondo, Vinámar, El Ciervo (mit dem Dorf Morro Jable), Gran Valle, Jorós, Los Escobones und Los Mosquitos. Die Nordseite fällt ab zu den langen Stränden der Luvseite und die Strände von Cofete, die durch einen kreisförmigen Gesteinsgang, der durch eine kleine Landenge aus Sand mit der Küste verbunden ist, getrennt sind.

Die Insel endet an der Plattform der Ebenen von La Angostura und der Punta de Jandía mit ihrem Leuchtturm.

Da wir hier von einer Insel reden, haben die Küsten natürlich eine besondere Bedeutung. Bei der abwechslungsreichen Morphologie der Küste sind vor allem die zahlreichen Strände zu erwähnen. Die Ruhe der Strände von Sotavento verleiht den Badegästen Sicherheit und stellt ein wahres Paradies für alle Freunde des Wassersports dar. Auch die Touristenzentren liegen auf dieser Seite der Insel.

Machen wir einen kurzen Besuch an den Küsten der Insel. Wir beginnen mit Corralejo.

Die Strände von Corralejo bilden eine Ansammlung von Stränden mit weißem Sand, die den Naturpark von Corralejo umgeben, zwischen der Montaña Roja und dem Ort Corralejo. Eine herrliche Farbpalette, auf der das Smaragdgrün überwiegt: die Farbe des Wassers, das hier beinahe während des ganzen Jahres sehr ruhig ist. Diese Strände, zusammen mit denen der Halbinsel Jandía, sind die beeindruckends-

56 Die größten Sandansammlungen findet man an der Küste der Windseite, wo sich die Landenge und das Jandía-Massiv begegnen.

57 Barranco de Vinámar. Im Hintergrund der Pico de la Zarza.

58 Barranco de Agua Oveja. Über den Einschnitt dieses Tals führt der Weg nach Cofete.

59 Über dem Jandía-Massiv bildet sich oft ein Wolkenmeer.

60 Die Täler auf der Nordseite sind kürzer, jedoch weitaus steiler. In einigen gibt es während des ganzen Jahres Wasser.

61 Dämmerung über dem Bergkamm an der Playa de Cofete.

62 Das letzte vulkanische Gebäude der Insel. Der Montaña de Las Talahijas.

63 64 65 66 67 68 Die Strände Playa del Médano, Playa del Viejo, Playa Larga, Playa del Moro und Playa Alzada bilden zusammen das, was gemeinhin als Playas de Corralejo bezeichnet wird.

ten der Insel und deshalb auch die meistbesuchten. Jede Art von Dienstleistung ist hier erhältlich. Der konstante Wind begünstigt das Windsurfen und das Steigenlassen von Drachen, ein schönes Schauspiel, das dort oft zu bewundern ist. Auch die Taucher kommen auf ihre Kosten, denn in der Meerenge bei der Isla de Lobos gibt es spektakuläre Unterwasserlandschaften.

Von Montaña Roja bis nach Pozo Negro findet man flache Landterrassen mit kleinen Stränden.

Von Pozo Negro bis zur Landenge von La Pared wird die Küste von Klippen gesäumt, jedoch findet man kleine Buchten und Strände an den Stellen, wo die Täler ins Meer münden, wie

69 Playa Blanca, nur wenige Kilometer von Puerto del Rosario entfernt.

70 Caleta de Fuste, 10 Km südlich vom Flughafen. Strand in einer natürlichen Senke. Bei diesem Strand liegt die Feriensiedlung El Castillo, eine der größten der Insel, mit Sporthafen sowie Tauch- und Surfschulen.

71 Strand und Dorf Puerto Lajas, nördlich von Puerto del Rosario.

72 Playa de Las Salinas, in der Nähe der Salinas del Carmen.

73

74

75

76

77

78

79

80

beispielsweise Las Playitas, Gran Tarajal, Giniginámar und Tarajalejo.

In diesem Bereich hervorzuheben ist der Felsturm Cuchillo de la Entallada (283 m), der zum Meer hin eine sehr hohe Klippe bildet. Dies ist der Punkt der Insel, der dem afrikanischen Kontinent am nächsten liegt.

Ab Matas Blancas an der Punta de los Molinillos beginnen die Strände der Luvseite von Jandía. Sie sind ungewöhnlich schön, das Wasser ist türkisfarben und

81

82

83

---

73 Playa de Pozo Negro.

74 Zwischen den Tälern Valle de La Cueva und Valle de Jacomar erstreckt sich das Lavafeld des Caldera de Jacomar. Hier sammelt sich weißer Sand an und bildet kleinere Strände.

75 An diesem Küstenabschnitt landen viele afrikanische Einwanderer, die vor dem politischen und humanitären Chaos und der Verfolgung in ihren Ländern flüchten.

76 Kleine Strände an den Mündungen von Tälern, wie dieser Strand an der Ensenada de Valle Corto.

77 Dorf und Strand Las Playitas. Im Hintergrund der Golfplatz.

78 Strand und Dorf Gran Tarajal. Strand mit schwarzem Sand an der Talmündung.

79 Playa de Giniginámar. Strand mit schwarzem Sand und Steinen beim Fischerdorf Giniginámar.

80 Playa de Tarajalejo. Strand mit schwarzem Sand beim Dorf.

81 82 Playa de La Lajita. Steinstrand, geteilt von einem Felsvorsprung, in der Nähe des Dorfes.

83 Playa de Costa Calma, bei der Feriensiedlung. Der erste Strand von mehr als 20 km Stränden mit weißem Sand.

84

85

84 85 86 87 88 89 90 91 92
Die Strände der Windschattenseite: La Barca, Los Canarios, Mal Nombre, Esquinzo, Butihondo und El Matorral. Die wichtigsten Touristenzentren liegen an diesem Küstenabschnitt. Hier konzentriert sich der größte Teil der Feriengäste auf der Insel. Die Strände, die eine große Anziehungskraft für den Besucher besitzen, liegen in einer unvergleichlichen Umgebung. Große Dünen, Strandseen, Salzwiesen und die zugehörige Fauna und Flora bilden ein komplexes Biotop. Diese sogenannten “Salzwiesen” (Saladar) sind als Feuchtgebiete von größtem ökologischem Interesse. Die Salzwiese bei El Matorral wird als die bedeutendste der Inselgruppe angesehen.

die Dünen sind aus hellem, weißem Sand.

Vom Dorf Morro Jable bis zur Südspitze Punta de Jandía ist die Küste abwechslungsreich. Kleinere Klippen wechseln sich mit Stränden an den Mündungen der Täler ab.

Nach dem Leuchtturm findet man eine ca. 10 m hohe Plattform mit einem einzigen Strand, der Playa de Los Ojos. Aus dieser Einbuchtung kommen quer zum Strand verlaufende Gesteinsgange, die bis ins Meer reichen. Danach wird die Küste bis zum Roque del Moro sehr abrupt. Dort beginnt die Playa de Cofete, gefolgt von der Playa de Barlovento de Jandía. Sie werden vom sogenannten Islote getrennt.

An der Landenge gibt es viele kleine Strände, die in einigen Fällen nur bei Ebbe sichtbar werden.

Nach Norden hin ist die Küste stark zerklüftet. Bis nach El Cotillo wechseln sich steile Klippen mit Stränden an Talmündungen ab. Dann wird die Küste sehr flach. Hier brechen die Wellen in einiger Entfernung zu den

93 Playa de Juan Gómez, mit 400 m Länge der größte dieser Strandserie. Die Umgebung dieser Strände ist reinste Natur und in der Gegend gibt es weitere kleine Buchten.

94 Playa de Las Pilas.

95 Playa de Los Ojos.

96 97 98 99 Strände von Cofete und Barlovento auf Jandía, mit starken Strömungen, weshalb äußerste Vorsicht geboten ist. Sie liegen in einem der geologisch interessantesten Gebiete der Insel, am Fuß hoher vulkanischer Komplexe, die vom Pico de La Zarza gekrönt werden.

100 Strand an der Landenge.

101 Küste an der Landenge.

98

99

100

101

102

103

104

105

106

107

108

109

Stränden, die hier große natürliche Schwimmbäder mit ruhigem und kristallklarem Wasser bilden. Die Farbkontraste zwischen Lava, Sand und Meer sind beeindruckend.

---

102 Playa del Viejo Rey, im äußersten Norden der Landenge von La Pared.
103 Ab hier sind die Strände bis zur Playa de Jarugo schwarz.
104 Playa de La Pared, neben der Playa del Viejo Rey.
105 Playa de Aguas Negras.
106 Küste von Vigocho.
107 Playa de La Solapa.
108 Playa de Los Molinos.
109 Playa de Jarugo.
110 Playa de El Águila, am Fuß einer 20 m hohen Klippe.
111 Der Strand Playa del Aljibe de La Cueva, in der Nähe von El Cotillo, ist mit ca. 2 km der längste dieser Gruppe.
112 113 Die Strände von El Cotillo, über die Küste von El Cotillo verstreut. Beim Leuchtturm von El Tostón gibt es zahlreiche kleine Buchten mit weißem Sand: unter anderen die Caleta* del Río, Caleta de La Aduana und Caleta del Marrajo.

110

111

112

113

FLORA

Die endemische* Flora* auf Fuerteventura ist zwar nicht sehr artenreich, wenn man sie mit dem Rest der Kanarischen Inseln vergleicht, wo es 650 Endemiten auf 7.200 Km^2 gibt, jedoch besitzt sie im Vergleich zu anderen europäischen Gegenden eine große Diversität. Frankreich, mit einer Ausdehnung von 560.000 Km^2, besitzt 100 Endemiten, Großbritannien mit 250.000 km^2 besitzt 16 und Deutschland, mit 350.000 Km^2, hat ganze 6 Endemiten. Diese Daten lassen die große Bedeutung der Inselflora deutlich werden.
Die Vegetationsformen der Kanarischen Inseln sind in Stufen* eingeteilt, beeinflusst durch die feuchten Passatwinde und die Höhenstruktur der Inseln. Lanzarote und Fuerteventura sind kaum höher als 700 m über NN, was bewirkt, dass die Passatwinde über die Inseln wehen, ohne ihre Feuchtigkeit abzuladen. Während man auf den höheren Inseln des Archipels Wälder vorfindet, ist Fuerteventura ein einzigartiges Beispiel für das Leben in der Halbwüste der sogenannten Kanarischen Basisstufe. Die Vegetationsdecke der Insel ist äußerst dünn und hierzu hat nicht nur das trockene Klima beigetragen, sondern auch eine starke Überweidung. Außerdem gibt es weite Gebiete, die bei historischen und prähistorischen Vulkanausbrüchen mit Lava bedeckt wurden und in denen die Zeit für die Entwicklung einer neuen Vegetation noch in der ersten Phase ist.
Trotz alledem war Fuerteventura in der Vergangenheit die Kornkammer der Kanarischen Inseln und besaß eine bedeutende Zahl von Ziegenherden, die auch heute noch die größten des Archipels sind. Der Rückgang dieser Wirtschaftsektoren hat es möglich gemacht, dass sich bestimmte Vegetationsformen, die durch die Eingriffe verändert wurden, wieder langsam erholen. Heutzutage lässt sich eine dynamische Entwicklung beobachten, die sich der ursprünglichen Vegetation wieder annähert, vor allem in schlecht zugänglichen Gebieten und/oder landwirtschaftlich nicht genutzten Flächen.

❶ Gelbe Cistanche (*Cistanche phelypaea*)
❷ Fiederspaltige Gänsedistel (*Sonchus pinnatifidus*)
❸ *Asparagus pastorianus*
❹ Lanzarote-Natternkopf (*Echium lancerottense*)
❺ Wirrer Bocksdorn (*Lycium intrincatum*)
❻ Klebriger Alant (*Inula viscosa*)
❼ Feigenkaktus (*Opuntia ficus-indica*)
❽ Kanarische Dattelpalme (*Phoenix canariensis*)
❾ Mariendistel (*Sylibum marianum*)
❿ Schweifblatt (*Dipcadi serotinum*)
⓫ Jochblatt (*Zygophyllum gaetulum*)
⓬ *Aichryson pachycaulon*
⓭ Europäische Sonnenwende *(Heliotropium ramossisimum)*
⓮ Gelbe Hauhechel (*ononis natrix*)
⓯ Desfontaines-Jochblatt (*Zygophyllum fontanesii*)
⓰ Raue Stechwinde (*Smilax aspera*)
⓱ *Ononis tournefortii*

Der größte Teil der Insel, der überhaupt Vegetation aufweist, ist mit dornigen Pflanzen und Büschen (Matorral) bewachsen, sowohl in den Ebenen als auch an den Berghängen, auf unberührten Flächen wie auch auf ehemaligen Anbaufeldern. Die wichtigste Pflanze bei der Erholung des natürlichen Bewuchses ist der Dornlattich, dessen Widerstandsfähigkeit im Prozess der ökologischen Veränderungen von großer Bedeutung ist. Dies hat dazu geführt, dass er bestimmte Bereiche des Matorral praktisch monopolisiert. In den weniger berührten Gegenden ist die Artenvielfalt* ausgeprägter, und man findet Arten wie Kreuzdorn, Salzmelden und Salzkraut*.

Oleanderblättrige Kleinien, Balsam-Wolfsmilch und Kandelaberwolfsmilch bilden die Gruppe der ursprünglichsten und typischsten Pflanzen der Insel. Die Wolfsmilchgewächse wachsen auf den Hängen einiger Hügel und Berge, in Felsspalten und in der Nähe der jüngsten Lavaaustritte. Die

18 *Rutheopsis herbanica*
19 Ästige Affodill (*Asphodelus ramosus*)

Basis-Vegetationsstufe. Vegetation eines halbtrockenen Mittelmeerklimas mit Nieder-schlägen von 100 - 300 mm, einer mittleren Temperatur von 20ºC, hoher Sonneneinstrahlung und Lehm-, Salz- oder kalkhaltigen Böden. Beispiel: Pflanzen, die Wasser speichern, Wolfsmilch, salzliebende Pflanzen und trockene Gräser.

20

21

22

23

24

Balsam-Wolfsmilch wächst vor allem in Gegenden, die den Meereswinden ausgesetzt sind.

Das Vorkommen der Kandelaberwolfsmilch und der Jandía-Wolfsmilch beschränkt sich auf die Halbinsel Jandía. Erstere wächst auf allen Inseln, während letztere nur in einem kleinen Teil der Halbinsel vorkommt. Neben ihrer Schönheit muss auch ihre Seltenheit erwähnt werden. Die Jandía-Wolfsmilch ist im Aussterben begriffen, weshalb sie auf keinen Fall beschädigt oder zerstört werden darf. Durch ihre Struktur erlauben die kanarischen Wolfsmilchgewächse das Wachstum anderer Pflanzen zwischen ihnen, ohne dass sie dort von den Ziegen abgefressen werden können, wie beispielsweise Glatte Baumschlingen, Strauchiger Krapp und Asparagus pastorianus. Das Leben vieler wirbelloser Endemiten steht im direkten Zusammenhang mit dieser kerzenleuchterförmigen

---

⓴ Jandía-Wolfsmilch (*Euphorbia handiensi*)
㉑ Kandelaberwolfsmilch (*Euphorbia canariense*)
㉒ *Pteranthus dichotomus*
㉓ Wüsten-Korkstäubling (*Phellorinia herculeana*)
㉔ Eisenkraut (*Verbena supina*)
㉕ Tännelkraut (*Kickxia heterophyla*)
㉖ Knotenblütige Mittagsblume (*Mesembryanthemum nodiflorum*)
㉗ Eiskraut (*Mesembryanthemum crystallinum*)
㉘ Blaugrüner Tabak (*Nicotiana glauca*)
㉙ Salzmelde (*Suaeda vera*)
㉚ *Senecio bollei*
㉛ Dornlattich (*Launaea arborescens*)
㉜ *Polycarpea nivea*
㉝ Lanzarote-Rutenkraut (*Ferula lancerottensis*)

25

26

27

28

29

30

31

32

Pflanze aus der Familie der Wolfsmilchgewächse, die einem Kaktus ähnelt.

Die Palmen und Tamarisken sind praktisch die einzigen einheimischen Bäume und kommen hauptsächlich in Tälern und Schluchten oder am Fuße der alten Anbauterrassen vor, die es erlaubten, das extrem knappe Wasser und den wenigen fruchtbaren Boden optimal auszunutzen.

In Tälern und Schluchten mit Wasser wächst oft ein dichtes Gestrüpp, das hauptsächlich von Salzmelden gebildet wird. Diese Pflanzen findet man auch, zusammen mit anderen Arten, in den artenreichen Salzwiesen* hinter den Stränden. Neben dem botanischen Interesse, das Pflanzen wie Kahle Schizogynen, Blau-

---

- ㉞ Weißer Natternkopf (*Echium decaisnei*)
- ㉟ Stumpfblättrige Wolfsmilch (*Euphorbia obtusifolia*)
- ㊱ Kretische Fagonie (*Fagonia cretica*)
- ㊲ Oleanderblättrige Kleinie (*Senecio kleinia*)
- ㊳ Henequen-Agave (*Agave fourcroydes*)
- ㊴ Strauchmelde (*Atriplex halimus*)
- ㊵ Fiederspaltige Gänsedistel (*Sonchus pinnatifidus*)
- ㊶ Strandflieder (*Limonium bourgaei*)
- ㊷ Levkoje *(Mattiola fruticulosa)*
- ㊸ *Kickxia sagittata*
- ㊹ *Volutaria bollei*
- ㊺ Flaumhaariger Strandflieder (*Limonium puberulum*)
- ㊻ Blaue Passionsblume (*Passiflora caerulea*)
- ㊼ Meerlavendel (*Limonium arborescens*)
- ㊽ Wurmförmiges Salzkraut (*Salsola vermiculata*)
- ㊾ Warziger Strandflieder (*Limonium papillatum*)

41

42

43

44

45

46

47

48

49

gründe Melden, Graue Gliedermelden und Patellaria cordata verdienen, spielen diese Feuchtgebietspflanzen eine wichtige Rolle in der Vogelwelt der Insel.

Ebenfalls an der Küste, und nicht weit von den Salzwiesen* entfernt, findet man die Jables (Dünenfelder). Abhängig von den vorherrschenden Winden erstrecken sie sich weit ins Landesinnere. Die extreme Trockenheit, zusammen mit der Schleifwirkung des

---

50 Wimperblättriger Lauch (*Allium subhirsutum*)
51 Balsam-Aeonium (*Aeonium balsamiferum*)
52 Kaktusfeige (*Opuntia vulgaris*)
53 Nymphendolde (*Astydamia latifolia*)
54 Stachelknöterich (*Emex spinosa*)
55 Strand-Wolfsmilch (*Euphorbia paralis*)
56 Lanzarote-Hornklee (*Lotus lancerottensis*)
57 Kanaren-Hahnenfuß (*Ranunculus cortusifolius*)
58 Baummalve (*Lavatera arborea*)
59 Großblütiger Scheinkrokus (*Romulea bulbocodium*)
60 Ästige Sommerwurz (*Orobanche ramosa*)
61 Gelbe Cistanche (*Cystanche phelypaea*)
62 Futterwicke (*Vicia sativa*)
63 Europäischer Meersenf (*Cakile maritima*)
64 65 Greiskraut (*Senecio leucanthemifolius*)
66 Graue Gliedermelde (*Arthrocnemum macrostachyum*)
67 Strandsode (*Suaeda vermiculata*)
68 Salzhafer (*Traganum moquinii*)
69 *Lotus holosericeus*
70 Strauchiger Krapp (*Rubia fruticosa*)
71 Kanarisches Flohkraut (*Pulicaria canariensis*)

59

60

61

62

63

64

65

66

67

68

69

70

71

Flugsandes, dem Salzgehalt und der Sonneneinwirkung, beschränkt die Möglichkeit eines Pflanzenbewuchses auf ein Minimum. In Sandgebieten in Küstennähe findet man Seetrauben mit fleischigen Blättern in Y-Form und den Salzhafer. Etwas weiter im Landesinneren wachsen Lotus holosericeus, Chenoleoides tomentosa, Blaugrüne Melden, Kahle Schizogynen, Sandtrüffel, Hauhecheln und Wimperblättriger Lauch.

Der Artenreichtum auf Fuerteventura ist groß und nachweisbar, jedoch nimmt man ihn in freier Natur kaum wahr. Einige botanische Schätze haben sich auf den höchsten Teil der Berge auf Jandía zurückgezogen wie der Seidenhaarige Goldstern, die Strauchmargarite, der Jandía-Natternkopf und der wilde Ölbaum. Eine sehr reichhaltige aber sehr unauffällige Pflanzenart sind die Flechten*, die wie ein fest

---

72 Kanarischer Strandstern (*Asteriscus intermedius*)
73 Waldkiefer (*Pinus sylvestris*)
74 Kanaren-Silberkraut (*Lobularia canariensis*)
75 *Chenoleoides tomentosa*
76 *Frankenia capitata*
77 *Reichardia famarae*
78 *Aaronsohnia pubescens*
79 Eisenkraut-Salbei (*Salvia verbenaca*)
80 Nacktfrucht (*Gymnocarpos decandrus*)
81 Trüffel (*Terfezia pinoyii*)
82 *Salsola tetrandra*
83 Lackmusflechte (*Roccella Fuciformis*)
84 Bolles Levkoje (*Matthiola bolleana*)
85 Johannisbrotbaum (*Ceratonia siliqua*)
86 Färberplechte (*Roccella Canariensis*)
87 Lichen (*Xanthoria resendei*)
88 *Aloe Vera*

80

81

82

83

84

85

86

88

87

angeklebter, bunter Teppich an den Felsen wachsen. Zwei Flechtenarten, die eine etwas kompliziertere Struktur haben, sind die Lackmusflechte* und die Färberflechte, die früher zur Gewinnung von Farbstoffen geerntet wurden. Diese Flechten findet man in steinigen Ebenen, auf Hügelrücken, in Felsspalten und Schluchten und natürlich in den typischsten Landschaften der Insel, den Malpaíses*.

---

89 Echte Feige (*Ficus carica*)

90 Mandelbaum (*Prunus dulcis*)

91 104 Echter Ölbaum (*Olea europaea*)

92 Mäuse-Gerste (*Hordeum murinum*)

93 Burchards Fliegenblume (*Caralluma burchardii*)

94 Tanger-Reichardie (*Reichardia tingitana*)

95 Acker-Gauchheil (*Anagallis arvensis*)

96 *Austrocylindropuntia exaltata*

97 Chios-Reiherschnabel (*Erodium chium*)

98 Granatapfel (*Punica granatum*)

99 Bougainvillea (*Bougainvillea glabra*)

100 Kronen-Wucherblume (*Chrysanthemum coronarium*)

101 102 Tamariske (*Tamarix canariensis y africana*)

103 Salzmelden bei einer Quelle.

97

98

99

100

101

102

103

FAUNA

Ohne Zweifel sind die wirbellosen Tiere, und unter ihnen die Insekten, die zahlreichsten auf dem Archipel und auf unserer Insel. Man hat mehr als 5000 Arten gezählt, von denen ungefähr 10 % heimisch sind. Bei den Käfern sind es sogar 35 %. Was Fuerteventura anbetrifft, so sind besonders zwei Arten erwähnenswert: eine fossile, versteinerte Erdwespenart, und eine lebende, die Schildlaus, die einen großen Einfluss auf die Landschaftsgestaltung hat.

Im Gegensatz zum Artenreichtum der niederen Tiere ist die Präsenz von Wirbeltieren auf der Insel ziemlich ärmlich und nur die Vögel zeichnen sich durch einen relativen Artenreichtum aus. Verglichen mit den anderen Inseln besitzt Fuerteventura die meisten Vogelarten, die entweder heimisch sind und hier brüten (davon einige Endemiten) oder auf ihren Wanderungen hier Station machen. Die strategische Position der Inseln für die Wanderrouten der Vögel, als Zwischenstation oder Nistplatz, verleiht den Feuchtgebieten der Insel eine Bedeutung, die weit über die lokale hinausgeht. Die unbewohnten Küsten von Fuerteventura und die wenigen Staudämme sowie die Salinen dienen den Vögeln als Wohn-, Schlaf- und Essplatz, wobei die Arten je nach Jahreszeit variieren.

Das starke Interesse, das die Meeresfauna immer schon erweckt hat, ist nur allzu logisch und hat einen praktischen Nutzen: die Fischerei. Seit einigen Jahren steigt auch das wissenschaftlich-praktische Interesse an der Erforschung der Seelebewesen. Man unterscheidet ungefähr 390 Arten aus 117 Familien. Hierzu einige Daten: Einerseits möchten wir über die Ökosysteme, die unsere Insel umgeben, sprechen, und danach über die wichtigsten Arten, die hier vorkommen.

Neben den Fischen gibt es zahlreiche Schalentierarten wie Seespinnen, Krebse, Garnelen, Langusten und Entenmuscheln und eine große Menge von Weichtieren wie Miesmuscheln, Kreiselschnecken und Napfschnecken.

Bei den Kopffüßlern sind vor allem Oktopusse, Kalmaren und gemeine Tintenfische zu erwähnen.

Die häufigsten Meeressäuger sind Delfine und ein paar Walarten.

Die Amphibien sind durch den gemeinen Frosch vertreten. Bei den Reptilien findet man Eidechsen, Ostkanarenskinke (Endemiten auf Lanzarote und Fuerteventura) und Geckos.

Alle Säugetiere, mit Ausnahme der Fledermäuse, die auf natürliche Weise auf die Insel kamen, wurden vom Menschen gewollt oder ungewollt auf die Insel gebracht.

1

1. Schmutzgeier (*Neophron percnopterus majorensis*)
2. Die *Antophoren* (*Hymenopteros*) waren Insekten, die den heutigen Wespen ähneln. Sie bauten Höhlungen im Sand, in denen sich die Larven entwickelten. Diese «Nester» findet man heute fossilisiert und in großer Zahl in den sandigen Ebenen des Inselinneren.
3. Die kleinen weißen Flekken, die man auf den Feigenkakteen sieht, sind weibliche Schildläuse (*Dactylocus cocus*). Diese Insekten hatten in der Vergangenheit eine große wirtschaftliche Bedeutung, denn aus ihnen wurde ein begehrter, karminroter Farbstoff gewonnen. Aufgrund eines Gesetzes von 1827 stand es sogar unter Naturschutz.
4. Mäusebussard (*Buteo buteo*)
5. Gelbschnabel-Sturmtaucher (*Calonectris diomedea*)
6. Kolkrabe (*Corvus corax tingitanus*)
7. Felsentaube (*Columba livia*)
8. Weidensperling (*Passer hispaniolensis*)
9. Flusseeschwalben (*Sterna hirundo*)
10. Wiedehopf (*Upupa epops*)
11. Felsenhuhn (*Alectoris barbara*)
12. Flussuferläufer (*Actitis hypoleucos*)
13. Pfuhlschnepfe (*Limosa lapponica*)
14. Raubwürger (*Lanius meridionalis*)
15. Grünschenkel (*Tringa nebularia*)
16. Archibebe Común (*Tringa totanus*)
17. Inselpieper (*Anthus berthelotii*)
18. Kanarienvogel (*Serinus canaria*)
19. Camachuelo Trompetero (*Bucanetes githagineus amantum*)
20. Brandseeschwalbe (*Sterna sandvicensis*)

10

11

12

13

14

15

16

17

18

19

20

Die wichtigsten Arten der sandigen und erdigen Ebenen sind, unter anderen, Kragentrappen, Rennvögel, Triele, Südliche Raubwürger, Turmfalken und Wiedehopfe.

In den Tälern findet man neben zahlreichen Wandervögeln, die dort überwintern, überwiegend Stummellerchen, Kanarenschwarzkehlchen, Blaumeisen und Weidensperlinge.

In den bergigeren Gegenden findet man Mäusebussarde, Schmutzgeier, Wüstengimpel, Fischadler (auf den Felsen und Klippen an der Küste), Schleiereulen. Die Fischadler und Schmutzgeier sind im Aussterben begriffen.

Was die Seevögel angeht, so findet man unter den heimischen den Gelbschnabel-Sturmtaucher und unter den Wandervögeln den Seeregenpfeifer, den Kiebitzregenpfeifer, den Strandläufer und den Seidenreiher. Von den zahlreichen Fluss-Seeschwalben, die es früher auf der Insel gab, sind nur noch wenige Exemplare übrig.

Auf Lobos gibt es noch Bulwersturmvögel, kleine Sturmtaucher, Gelbschnabel-Sturmtaucher und Sturmschwalben. Letztere findet

---

21 Turmfalke (*Falco tinnunculus dacotiae*)
22 Seeregenpfeifer (*Charadrius alexandrinus*)
23 Sandregenpfeifer (*Charadrius hiaticula*)
24 Kiebitzregenpfeifer (*Pluvialis saquetarola*)
25 Goldregenpfeifer (*Pluvialis apricaria*)
26 Stelzenläufer (*Himantopus himantopus*)
27 Sanderling (*Calidris alba*)
28 Sandstrandläufer (*Calidris pusilla*)
29 Mönchsgrasmücke (*Sylvia atricapilla*)

㉚ Brillengrasmücke (*Sylvia conspicillata*)
㉛ Löffler (*Platalea leucorodia*)
㉜ Blässhuhn (*Fulica atra*)
㉝ Weißkopfmöwe (*Larus michaelis*)
㉞ Seidenreiher (*Egretta garcetta*)
㉟ Kuhreiher (*Bubulcus ibis*)
㊱ Fischreiherl (*Ardea cinerea*)
㊲ Schwarzkopfmöwe (*Larus melanocephalus*)

38

39

40

41

42

43

44

45

46

47

48

49

man nur auf den vorgelagerten Felseninseln.

Die Meeresströmungen bei den Kanarischen Inseln bedingen Schwankungen beim Salzgehalt und der Temperatur des Wassers, was wiederum einen starken Einfluss auf das Leben im Meer hat. Dieser Umstand erlaubt es, dass es bei der Insel Fischarten gibt, die normalerweise in anderen Klimazonen leben. Man unterscheidet zwei große Ökosysteme*: die Windseite (oder Nordseite) der Insel zwischen El Cotillo und Punta de Jandía, und

---

38 Lachmöwe (*Larus ridibundus*)
39 Heringsmöwe (*Larus fuscus*)
40 Blaumeise (*Parus caeruleus*)
41 Kragentrappe (*Chlamydotis undulata fuerteventurae*)
42 Lavandera Boyera (*Motacilla flava*)
43 Schafstelze (*Motacilla alba*)
44 Gelbbrauenlaubsänger (*Phylloscopus inornatus*)
45 Zilpzalp (*Phylloscopus collybita*)
46 Rotkehlchen (*Erithacus rubecula*)
47 Kanarenschwarzkehlchen(*Saxicola dacotiae dacotiae*)
48 Rostgans (*Tadorna ferruginea*)
49 Regenbrachvogel (*Numenius phaeopus*)
50 Stummellerche (*Calandrella rufescens*)
51 Türkentaube (*Streptopelia decaocto*)
52 Steinwälzer (*Arenaria interpres*)
53 Gelbe Krustenanemone (*Parazoanthus axinellae*)
54 Goldflecken Schlangenaal (*Myrichthys pardalis*)
55 56 Keulenanemonen (*Telmatactis cricoides*) mit verschiedenen Färbungen.
57 Dohrns Zylinderanemone (*Pachycerianthus dohrni*)

50

51

52

53

54

55

56

57

die Windschattenseite (oder Südseite) zwischen Corralejo und der Punta de Jandía. Die Zone zwischen Corralejo und El Cotillo ist absolut offen und als Übergangszone zu betrachten.

Der Unterschied zwischen beiden Zonen besteht nicht nur in den unterschiedlichen Meeresböden (sandig oder felsig) oder dem unterschiedlichen Wellengang auf den beiden Inselseiten, sondern vor allem in der Wasserqualität. Die Strömungen auf der Nordseite sind etwas kühler und weitaus reicher an Plankton*. Dies führt zu einem größeren Artenreichtum und zu einer größeren Zahl von Exemplaren pro Art. Hinzu kommt, dass die Nordseite nicht so leergefischt ist wie die Südseite. Es gibt Fischarten, die praktisch nur auf der Nordseite vorkommen.

Die meisten Fischarten sind "Kreolen", das heißt, ihr ganzer Lebenszyklus spielt sich bei der Insel ab. Andere Fischarten "wandern" und kommen nur von Zeit zu Zeit auf die Insel. Dies ist der Fall bei den Thunfischen, Goldbrassen, Sardinen, Schwertfischen und verschiedenen Haiarten, die man nur zu bestimmten Jahreszeiten bei der Insel findet.

Die vorherrschende Gruppe sind die sogenannten "weißen" Fische wie Gelbstriemen, Goldstriemen, Geißbrassen, Streifenbrassen, Brandbrassen, Rotbrandbrassen, Dickkopf-Zahnbrassen, Rotbrassen, Rotbrandbrassen, Achselfleckbrassen, etc., die nahe beim Schelf* vorkommen.

Die zweitgrößte Familie ("Familie" im herkömmlichen Sinn gebraucht) bilden die verschiedenen Haiarten, die zum Teil heimisch sind, jedoch in großen Tiefen leben, wie beispielsweise

Glatthaie, Dornhaie, Katzenhaie, Blauhaie, etc. Bei den Wanderarten findet man vor allem Hammerhaie und Makrelenhaie.

Über den felsigeren Meeresböden findet man viele Säge- oder Zackenbarsche. Die Anzahl der Familien ist nicht sehr groß, jedoch sind die Stückzahlen erheblich: Zackenbarsche, Ziegenbarsche und Makaronesiche Zackenbarsche. Daneben eine große Zahl von Lippfischen, wie Meerpfauen, Mittelmeer-Lippfische, Atlantik-Lippfische, etc. Die Thunfischarten sind vertreten durch Echte Bonitos, Rote Thunfische, Gelbflossen-Thunfische und Atlantische Bonitos sowie durch Barrakudas und Makrelen.

Andere Fischarten, die nicht zu den vorher erwähnten Gruppen zählen:

---

58 Gemeiner Tintenfisch (*Sepia officinalis*)
59 Gebänderter Barrakuda (*Sphyraena viridensis*)
60 Meerpfau (*Thalassoma pavo*)
61 Runder Stechrochen (*Taeniura grabata*)
62 Papageifisch (*Sparisoma cretense*)
63 Grauer Drückerfisch (*Balistes capriscus*)
64 Kardinalfisch (*Apogon imberbis*)
65 Steinseeigel (*Paracentrotus lividus*)
66 Braune Muräne (*Gymnothorax unicolor*)
67 Schwarze Muräne (*Muraena augusti*)
68 Tigermuräne (*Enchelycore anatina*)
69 Rotlippden-Schleimfisch (*Ophioblennius atlanticus*)
70 Goldschwamm (*Verongia aerophoba*) mit Seepferdchen (*Hippocampus sp.*)
71 Nacktschnecke (*Hypselodoris picta webbi*)
72 Trompetenfisch (*Aulostomus strigosus*)
73 Violetter Seeigel (*Sphaerechinus granularis*)

66

67

68

69

70

71

72

73

Am Schelf: Petermännchen, Achtstreifengrunzer, Graue Drückerfische, Muränen, Meerbarben, Adlerfische und Papageifische.

Am Schelf und in seiner Nähe: Meeraale, Seebarsche, Degenfische, Atlantische Mönchsfische und weitere zahlreiche Arten.

Hochseefische: Grasnadeln, Flugfische, Goldbrassen, Blaubarsche, Schwertfische und Sardinen.

Krebse: Seespinnen, die mit Reusen* in geringer Tiefe gefischt werden, rote und weiße Krebse, die wegen ihres exquisiten Geschmacks sehr begehrt sind, und die man nachts, bei Neumond und Ebbe mit der Hand fängt, Rennkrabben, die als Köder für die Papageifische und andere Fische dienen und die man bei Ebbe unter

---

74 Kanarischer Seestern (*Narcissia canariensis*)
75 Ziegenbarsch (*Serranus cabrilla*)
76 Violette Fadenschnecke (*Flabellina affinis*)
77 Glasauge (*Heteropriacanthus cruentatus*)
78 Roter Seestern (*Echinaster sepositus*)
79 Schwarzer Drachenkopf (*Scorpaena porcus*)
80 Dornenstern (*Coscinasterias tenuispina*)
81 Oktopus (*Octopus vulgaris*)
82 Neon Riffbarsch (*Abudefduf luridus*)
83 Gelbflossenmakrele (*Pseudocaranx dentex*)
84 Bänderbrasse (*Diplodus cervinus*)
85 Zackenbarsch (*Epinephelus guaza*)
86 Geringelter Seehase (*Aplysia dactylomela*)
87 Kugelfisch (*Canthigaster capistrata*)
88 Geißbrasse (*Diplodus sargus cadenati*)
89 Schriftbarsch (*Serranus scriba*)
90 Pfeilkrabbe (*Stenorhynchus lanceolatus*)

82

83

84

85

86

87

88

89

90

91

92

93

94

95

96

97

98

99

100

101

Steinen in Ufernähe findet. Die Tanzgarnelen (Camarones) kommen bei Fuerteventura reichlich vor.

In den Höhlen auf der Nordseite fängt man viele große Bärenkrebse, die hier “Bogavantes” genannt werden. In den unwirtlichen Wassern des Nordens, wo sich die See an den Klippen bricht, gibt es viele Entenmuscheln, die hier Ziegenfuß (pata de cabra) genannt werden.

Die nicht häuslichen Säuger findet man auf der ganzen Insel, wie beispielsweise Igel, Spitzmäuse, Fledermäuse, Kaninchen, Ratten, Mäuse und nordafrikanische Borstenhörnchen. Die Borstenhörnchen wurden erst vor Kurzem aus Afrika eingeführt und richten verheerende Schäden in der Landwirtschaft an.

---

91 Einsiedlerkrebs (*Dardanus calidus*)
92 Geweihschwamm (*Axinella damicornis*)
93 Kreiselschnecke (Osilinus atratus)
94 Klippenkrabbe (*Plagusia depresse*)
95 Rennkrabbe (*Pachygrapsus marmoratus*)
96 Miesmuscheln (*Perna Perna*)
97 Sternseepocke (*Chthamalusb stellatus*)
98 Mittelmeer-Laubfrosch (*Hyla meridionalis*)
99 Atlantische Eidechse (*Gallotia atlantica*)
100 Atlashörnchen (*Atlantoxerus getulus*)
101 Ostkanarenskink (*Chalcides simonyi*)
102 Ziegen (*Capra aegagrus hircus*)
103 Kaninchen (*Oryctolagus cuniculus*)
104 Dromedar (*Camelus dromedarius*)
105 Esel (*Equus asinus*)
106 Hirtenhund "Majorero Canario" (*lupomastinoide*)

NATURSCHUTZGEBIETE

Die Kanarischen Inseln sind Teil des makaronesischen* Archipels. Makaronesien besteht aus den fünf atlantischen Inselgruppen Madeira, Azoren, Selvagens, Kanarische Inseln und Kapverdische Inseln. Die klimatischen, nautischen, geomorphologischen*, zoologischen und botanischen Gegebenheiten haben dort einzigartige natürliche Räume geschaffen. Jedoch haben die Fragmentierung des Territoriums, die Bevölkerungsdichte und die fast ausschließliche Abhängigkeit vom Dienstleistungssektor ein Entwicklungsmodell hervorgebracht, das so nicht aufrecht erhalten werden kann, denn es überschreitet bei Weitem die Regenerationsfähigkeit der natürlichen Ressourcen. Ein größeres Umweltbewusstsein und eine bessere Aufklärung der Bevölkerung sind deshalb dringend erforderlich.

Das Gesetz über die Natürlichen Räume der Kanarischen Inseln regelt die Benutzung der natürlichen Ressourcen auf den Inseln und legt Schutzmechanismen und Instrumente der Planung in diesem Bereich fest.

Ziel ist die geregelte Nutzung aller natürlichen Ressourcen, um eine nachhaltige Entwicklung zu garantieren, der Einschluss aller natürlichen Räume, die Schutz oder Verbesserung benötigen, das Vorantreiben von wissenschaftlichen Forschungen, von ökologischer Erziehung und von Zusammentreffen der Menschen mit der Natur, ohne dass diese daran Schaden nimmt, die Verbesserung der Lebensqualität in den Ortschaften mit reger sozio-ökonomischer Aktivität und die Wiederherstellung bzw. Verbesserung bestimmter Ökosysteme.

Abhängig von den Werten oder natürlichen Schätzen, die davon betroffen sind, teilt man die Schutzgebiete in die folgenden Kategorien ein, in denen vor allem die wichtigsten Habitats* und die größte Artenvielfalt eine Rolle spielen:

- Naturparks und Kulturlandschaften
- Integrierte und Spezifische Naturreservate
- Naturdenkmäler
- Landschaftsschutzgebiete
- Wissenschaftlich interessante Orte

Bei einem Besuch in den Naturschutzgebieten findet man verschiedenste Landschaftstypen vor. Hierzu zählen Ebenen, Bergmassive, Täler, Schluchten und Küsten mit Klippen und ausgedehnten Stränden.

2

1 PARQUE NATURAL DEL ISLOTE DE LOBOS
NATURPARK DER INSEL LOBOS
NATURE PARK OF ISLOTE DE LOBOS
2 PARQUE NATURAL DE CORRALEJO
NATURPARK VON CORRALEJO
CORRALEJO NATURE PARK
3 PARQUE NATURAL DE JANDIA
NATURPARK VON JANDIA
JANDIA NATURE PARK
4 PARQUE RURAL DE BETANCURIA
KULTURLANDSCHAFT VON BETANCURIA
BETANCURIA RURAL PARK
5 MONUMENTO NATURAL DEL MALPAIS DE LA ARENA
NATURDENKMAL MALPAIS DE LA ARENA
NATURAL MONUMENT OF MALPAIS DE LA ARENA
6 MONUMENTO NATURAL DE LA MONTAÑA DE TINDAYA
NATURDENKMAL MONTAÑA DE TINDAYA
NATURAL MONUMENT OF TINDAYA MOUNTAIN
7 MONUMENTO NATURAL DE LA CALDERA DE GAIRIA
NATURDENKMAL MONTAÑA DE GAIRÍA
NATURAL MONUMENT OF THE CALDERA DE GAIRIA
8 MONUMENTO NATURAL DE LOS CUCHILLOS DE VIGAN
NATURDENKMAL CUCHILLOS DE VIGÁN
NATURAL MONUMENT OF CUCHILLOS DE VIGAN
9 MONUMENTO NATURAL DE MONTAÑA CARDON
NATURDENKMAL MONTAÑA CARDON
NATURAL MONUMENT OF CARDON MOUNTAIN
10 MONUMENTO NATURAL DE AJUI
NATURDENKMAL AJUI
NATURAL MONUMENT OF AJUI
11 SITIO DE INTERES CIENTIFICO DE LA PLAYA DEL MATORRAL
WISSENSCHAFTLICH INTERESSANTER ORT PLAYA DEL MATORRAL
PLAYA DEL MATORRAL PLACE OF SCIENTIFIC INTEREST
12 PAISAJE PROTEGIDO DEL MALPAIS GRANDE
LANDSCHAFTSSCHUTZGEBIET MALPAIS GRANDE
PROTECTED LANDSCAPE OF MALPAIS GRANDE
13 PAISAJE PROTEGIDO DE VALLEBRON
LANDSCHAFTSSCHUTZGEBIET VALLEBRON
VALLEBRON PROTECTED LANDSCAPE
ESTRECHO DE LA BOCAINA
OCEANO ATLANTICO
Punta Martiño
Isla de Lobos
El Puertito
Roques del Puertito
La Caleta
El Río
Corralejo
Punta de la Tiñosa
Playa del Bajo de la Burra
Playa de Majanicho
Majanicho
Caleta de Beatriz
Punta Aguda
Caleta del Marrajo
Punta de la Ballena o de Tostón
Playa del Médano
Playa de los Matos
Playa del Moro
Playa del Poris
Barca Quebrada
Caletón de las Palomas
Costa Roja
Lajares
El Roque
Caleta de El Cotillo
El Cotillo
Playa del Castillo
Playa del Aljibe de la Cueva
Playa del Aguila
Paso de la Laja
Playa de Esquinzo
Villaverde
LA OLIVA
Parque Holandés
Punta del Tarajalillo
La Caleta
La Caldereta
Punta de Paso Chico
Paso Viejo
Playa de Tebeto
Tindaya
Vallebrón
Los Charcones
La Matilla
Guisgey
El Time
Puerto Lajas
Punta del Roque
Playa de Jarugo
El Puertito de los Molinos
Los Molinos
Tetir
La Asomada
Las Parcelas
Tefía
Punta del Gaviota
PUERTO DEL ROSARIO
Playa Blanca
Casillas del Angel
Tesjuate
Playa del Valle
Llanos de la Concepción
Aguas Verdes
Almácigo
La Ampuyenta
Punta de los Caletones
Valle de Santa Inés
Punta Gonzalo
Playa del Matorral
El Matorral
Punta del Junquillo
Triquivijate
Punta del Cangrejito
Nuevo Horizonte
Caleta de la Camella

FUERTEVENTURA
OCEANO ATLANTICO
Carretera Principal
Main Road
Landstraße 1. Ordnung
Carretera Secundaria
Secondary Road
Landstraße 2. Ordnung
Camino de Tierra
Cartageway
Unbefestigte Piste
Puerto de Pesca
Fishing Port
Fischereihafen
Puerto de Pasajeros
Port
Passagierhafen
Palmeral
Palm tree field
Palmenhain
Windsurfing
Windsurfing
Windsurfen
Vista Panorámica
View-Point
Aussichtspunkt
Aeropuerto
Airport
Flughafen
Puerto Deportivo
Yachting Harbour
Jachthafen
Castillo
Castle
Festung
Faro
Lighthouse
Leuchtturm
Molino
Mill
Windmühle
Los Alares
Las Salinas
Playa del Muellito
Puerto de la Torre
Ajuí
Punta de la Nao
Mézquez
Agua de Bueyes
Casillas de Morales
Toto
Tiscamanita
Playa de Leandro
Punta del Viento
Playa de la Solapa
Punta de la Canal
PAJARA
Pozo Negro
Ensenada de Pozo Negro
Playa de Garcey
TUINEJE
Punta de la Jaqueta
Ensenada de Toneles
Punta del Peñón Blanco
Las Casitas
Punta Gorda
Casas de La Florida
Catalina García
Ensenada de Jacomar
Las Salinas
Tagultar
Tesejerague
Juan Gopar
Punta de Gran Valle
Playa de Amanay
Punta Amanay
Playa de los James
Cardón
Peñón del Roque
Las Playitas
Punta de las Goteras
La Entallada
Cala de Las Playas
Playa de Ugán
Gran Tarajal
Puerto Nuevo
Giniginámar
Piedras Caldas o Morros de Gran Tarajal
Playa de la Pared
Playa del Viejo Rey
La Pared
Tarajalejo
Playa de Giniginámar
Punta del Caracol
Istmo de la Pared
La Lajita
Punta del Colorado
Agua Liques
Playa de la Lajita
Punta Paloma
Playa de la Jaqueta
Agua Tres Piedras
Costa Calma
Punta de los Molinillos
El Jable
Punta de Playa Larga
Playa de Barlovento de Jandía
Playa de Sotavento de Jandía
El Islote
Playa de Cofete
Punta de Barlovento
Roque del Moro
Punta Pesebre
Caleta de la Madera
Zarza
807
Cofete
Boca de Mal Nombre
Jandía
Boca de Esquinzo
Punta del Tigre
Puertito de la Cruz
Morro Jable
unta de Jandía
Playa de Juan Gómez
Playa del Matorral

Naturparks sind jene ausgedehnten Naturlandschaften, die nicht wesentlich durch den Menschen verändert wurden und deren Flora, Fauna* und Gea* in ihrer Gesamtheit als einzigartiger natürlicher Reichtum angesehen werden.

Kulturlandschaften sind ausgedehnte natürliche Räume, wo ökologisch interessante Landschaften mit landwirtschaftlichen Aktivitäten, Viehzucht oder Fischerei koexistieren.

Die **Naturreservate** haben zur Aufgabe, Biotope, Arten oder andere biologische oder geologische Elemente zu schützen, die wegen ihrer Seltenheit, Anfälligkeit, Wichtigkeit oder Einzigartigkeit eine besondere Beachtung verdienen. In diesen Gebieten ist das Mitnehmen von Arten oder Proben von biologischem oder geologischem Material verboten.

Integrierte Naturreservate sind kleinere bis mittlere Gebiete, in denen die Gesamtheit der Elemente sowie aller natürlichen und ökologischen Prozesse bewahrt werden sollen.

Spezifische Naturreservate sind kleinere bis mittlere Gebiete, in denen besondere Biotope, spezielle Arten, besondere geologische Formationen oder natürliche Prozesse von speziellem Interesse geschützt werden sollen.

Naturdenkmäler sind natürliche Gebiete oder Elemente von kleinerem Ausmaß, in denen es Formationen von ganz besonderer Schönheit oder außerordentlicher Seltenheit gibt. Hier sind besonders die paläontologischen Fundstätten und andere Elemente der Gea zu erwähnen, die wegen ihrer Seltenheit, ihrer landschaftlichen, kulturellen oder wissenschaftlichen Bedeutung ein spezielles Interesse verdienen.

Landschaftsschutzgebiete sind Gegenden mit speziellen ästhetischen oder kulturellen Aspekten.

Wissenschaftlich interessante Orte sind normalerweise kleinere, abgelegene Gebiete, wo es natürliche Elemente von speziellem wissenschaftlichem Interesse gibt, wie beispielsweise vom Aussterben bedrohte Tier- oder Pflanzenarten, die spezielle Maßnahmen für ihr Überleben benötigen.

❸❹❺❻❼ **Naturpark der Insel Lobos.** Lobos ist eine kleine Insel mit 6 km2 Fläche, die zur Gemeinde La Oliva gehört. Sie liegt 2 km von der Punta de Tivas (Fuerteventura) und 8 km von der Punta del Papagayo (Lanzarote) entfernt.

Gemäß Untersuchungen fossiler Funde hat die Insel ein Alter zwischen 6.000 und 8.000 Jahren. Bis 1968 wohnten auf Lobos nur der Leuchtturmwärter und seine Familie. Die abgeschiedene Lage der Insel hat es erlaubt, dass die Insel und die umgebenden Gewässer ihren natürlichen Zustand erhalten haben: ein natürlicher botanischer Garten auf Lavafeldern mit äußerst interessanten Vogelkolonien und umgeben von unberührten Meeresbiotopen.

Die gesamte Insel besteht aus einem jüngeren Vulkan aus der Serie IV und den entsprechenden Lavafeldern. Der Krater (127 m) liegt an einem Ende einer langen Vulkanreihe mit Ausrichtung NO-SW, die auch das Malpaís des Caldera Encantada (oder Bayuyo) an der Nordküste Fuerteventuras geschaffen haben.

Vor dem Krater erstreckt sich eine Plattform, die eigentlich ein zerklüftetes Lavafeld mit Vorsprüngen, Senken und Lavablöcken darstellt. Man findet herrliche Ansammlungen von Balsam-Wolfsmilchgewächsen und auf den Steinen wachsen verschiedene Flechtenarten, unter denen der grünliche Farbton der Lackmusflechte überwiegt. Neben den Wolfsmilchgewächsen, die hier teilweise eine Höhe von 2 m erreichen, findet man auch Kreuzdorn, Dornlattich und Salzmelden. Wenn man sich den kleinen Häusern des Hafens nähert und einen Blick auf die Küste wirft, sieht man kleine, seichte Buchten mit weißem Sand, die zum Baden und als Anlegestelle für die Fischer dienen.

In den lehmigen Senken, die durch Steinansammlungen vom Meer getrennt werden, haben sich salzliebende Pflanzen angesammelt und bilden sogenannte Salzwiesen. Diese Bereiche werden von Watvögeln zum Ausruhen und zur Nahrungsaufnahme genutzt. Andere Seevögel wie Seeschwalben, Sturmtaucher und Möwen benutzen Lobos auch als Nistplatz.

Einige Bereiche der Lavafelder wurden vom Küstensand überdeckt und bilden an der Küste herrliche Strände, wie beispielsweise der Playa de La Caleta, mit weißem Sand und seichtem Wasser.

❻

❼

❽

Auf der kleinen Insel gibt es nur wenige Einrichtungen und Anlagen, die mit den Aktivitäten der Vergangenheit in Verbindung stehen: Salinen, Kalköfen, Wasserspeicher und ein paar Wege, die in verschiedene Bereiche der Insel führen.

Für einen Besuch auf Lobos nimmt man die Fähre in Corralejo. Es gibt keine Unterkünfte, und wenn man campen will, muss man eine Genehmigung bei der Gemeindeverwaltung von La Oliva einholen. Entweder nimmt man seine Verpflegung mit oder man verpflegt sich in der Gaststätte des kleinen Hafens.

❽ ❾ ❿ ⓫ Naturpark von Corralejo. Er umfasst 2.668,7 ha im Gemeindegebiet von La Oliva. Er stellt ein spezielles Vogelschutzgebiet dar und ist ökologisch äußerst sensibel.

Die Dünen von Corralejo sind eines der wenigen Wanderdünenfelder des kanarischen Archipels. Ihr ökologischer Wert ergibt sich im Wesentlichen aus den hier herrschenden geomorphologischen Gegebenheiten, das heißt, aus dem Zusammenspiel von vulkanischen und vom Wind angewehten Materialien. Der Sand der Dünen wird vom Meer aufgenommen und in Richtung Norden transportiert. Die Insel Lobos bildet ein Hindernis und lenkt den Sand in Richtung Südwesten um. Der Sand erreicht das Land beim Dorf Corralejo.

Diese Ablagerungen sind älter als die vulkanische Basis, die vor allem im Süden am Barranco de la Salina beim Vulkan Montaña Roja sichtbar wird. Dieser 312 m hohe Krater gehört zu den vulkanischen Gebäuden der Serie III und ist ca. 2 Millionen Jahre alt. Neben dem großen Krater findet man auch einen kleineren Krater und einige “Öfchen”, die geologisch und landschaftlich sehr interessant sind. Über den alten Schichten liegen die neueren Eruptionen der Serie IV mit einem Alter von 0,6 - 0,2 Millionen Jahren. Die ältesten Sandschichten sind ca. 0,3 – 0,2 Millionen Jahre alt und die Sandkörner sind nichts anderes als Reste von zermahlenen Algen und Gehäusen von Weichtieren. Bedingt durch die verschiedenen Eiszeiten hob und senkte sich der Meeresspiegel und auf diese Weise haben sich zahlreiche Sandschichten übereinander abgelagert. Die Erosion tat ein Übriges, um die heute sichtbare Landschaft zu formen.

Neben den Dünen gibt es im Naturpark auch ein Malpaís, in dem sich bereits Flechten auf den Steinen ansiedeln.

In den Dünenfeldern haben sich verschiedene Spezies angesiedelt. Die Vegetation, die vom Salzhafer beherrscht wird, ist äußerst interessant, denn es gibt hier Arten, die in keinen anderen Lebensräumen vorkommen. Man findet hier nur wenige Wirbeltiere. Bei den Vögeln sind die Kragentrappe, der Rennvogel, der Triel, die Schnepfe und natürlich der Schmutzgeier zu erwähnen, auf dem Land die Spitzmaus, das Kaninchen und die Igel und bei den Reptilien der Ostkanarenskink und die Kanareneidechse.

Die herrlichen natürlichen und landschaftlichen Gegebenheiten des Naturparks der Dünen von Corralejo und die angrenzenden Strände ziehen jährlich eine enorme Zahl von Besuchern an. Dies hat in den letzten Jahrzehnten zu einer Überbeanspruchung der Ressourcen durch den Menschen geführt und wird letztlich zur Zerstörung der Landschaft führen.

❶❷⓬⓭⓮⓯⓰⓱⓲⓳ **Naturpark von Jandía.** Er bedeckt eine Fläche von 14.318,5 ha im Gemeindegebiet von Pájara. Seine natürlichen Schätze sind vor allem in der Geologie sowie der Fauna* und Flora* zu suchen.

Dieser Naturpark ist der größte der Insel. Der geologische Ursprung fällt mit dem Entstehen der Insel vor ca. 17 Millionen Jahren zusammen. Die ersten Eruptionen, die zur Serie I bzw. zum ersten vulkanischen Zyklus gehören, bildeten einen riesigen Schichtvulkan.

12

13

14

15

16

17

In dieser Serie wechselten sich massive Auswürfe von Schlacken und Pyroklasten* mit enormen Lavaemissionen ab. Die weicheren Pyroklasten- und Ascheschichten wurden von Basaltinjektionen durchdrungen, wobei Gesteinsgänge entstanden, die heute in stark erodierten Bereichen zutage treten, vor allem im Norden und im Bereich von Cofete. Die riesigen Ansammlungen von Material machen es heute sehr schwierig, zu bestimmen, wo das Zentrum der ersten Ausbrüche zu lokalisieren ist. Nach mehreren Millionen Jahren ohne vulkanische Aktivität traten durch die Erosion die ersten Paleoböden* zutage, die in einigen Bereichen eine Dicke von 15 m aufweisen. Vor ca. 14 Millionen Jahren gab es dann erneute Ausbrüche, die diese Böden unter sich begruben. Danach gab es keine konstruktive, vulkanische Aktivität mehr und es begann die destruktive Arbeit der Erosion.

Die kontinuierliche Wind-, Wasser- und vor allem Meereserosion hat ein bogenförmiges, großes vulkanisches Gebäude hinterlassen, das sich in zwei stark unterschiedliche Hänge, die von einem zerklüfteten Grat gekrönt werden, aufteilt. Einer der Gipfel dieses Grats ist der Pico de la Zarza mit einer Höhe von 807 m. Die Nordseite des Massivs ist steiler und an ihren Flanken kann man die aufeinandergeschichteten Lavamassen deutlich sehen. Die Ausläufer enden am spektakulären Strand von Cofete, der vom Islote de Cofete in zwei Hälften geteilt wird. Die Südseite des Massivs weist andere morphologische Merkmale auf. Die Neigung der Hänge ist sanfter und

18

19

diese werden von zahlreichen kurzen und tiefen Tälern (Barrancos) durchschnitten. Einige dieser Täler reichen bis ans Meer, andere enden auf der Küstenplattform in Dünenfeldern, wie beispielsweise den Llanos de la Angostura im Süden der Halbinsel. Die wichtigsten Täler (Barrancos) sind: Barranco de El Salmo, Barranco de Los Canarios, Barranco de Mal Nombre, Barranco de Butihondo, Barranco de Esquinzo, Barranco de Vinámar, Barranco de El Ciervo und Barranco de Gran Valle. Die Täler sind durch steile Hänge und Grate und im unteren Teil durch fächerförmige Geröllfelder voneinander getrennt.

Das Jandía-Massiv ist mit der restlichen Insel durch eine flache Landenge verbunden, auf der die vulkanischen Eruptionen nicht so stark wie auf der südlichen Halbinsel waren. Dieser Bereich, der als Istmo (Landenge) de La Pared bekannt ist, ist von Wanderdünen bedeckt, deren Sand vor allem aus erodierten Schalen von Weichtieren besteht. Der Wind transportiert die Dünen von Küste zu Küste und schafft spektakuläre Dünenfelder. Ein Teil dieses Sandes ist versteinert und der Wind formt hier einzigartige Landschaften mit kapriziösen Skulpturen. Der angewehte Sand bildet die ausgedehnten Strände von Jandía, die größten der Kanarischen Inseln. 20 km Strände mit weißem Sand, die, obwohl sie außerhalb des Naturparks liegen, eine Einheit mit dem Naturschutzgebiet bilden.

Die Küsten des Naturparks sind von außerordentlicher Bedeutung, nicht nur wegen ihrer Länge (ca. 60 km), sondern auch wegen ihrer morphologischen Vielfalt. Hohe Basaltklippen wie die bei der Punta del Pesebre im Südwesten wechseln sich mit niedrigeren Klippen aus verschiedenen Materialien ab (Basalt, fossilisierter Sand, Gesteinsgänge und Felsblöcke). Die Küste ist durchsetzt von kleineren Stränden (Juan Gómez, Los Ojos, La Señora, Viejo Rey und La Pared) und ausgedehnten Sandflächen wie Barlovento de Jandía, Cofete und Sotavento de Jandía.

Die landschaftliche Vielfalt impliziert auch viele verschiedene Lebensräume: Steile Klippen, steinige oder sandige Ebenen, Flussbetten, Berggipfel, Strände, Salzwiesen und ausgedehnte, kalkhaltige Böden.

Was die Flora betrifft, findet man auf der Halbinsel Jandía die meisten Arten. Hier wachsen 38 Endemiten der Insel

24

25

26

Fuerteventura, der Kanarischen und der Makaronesischen Inseln, von denen acht ausschließlich in diesem Naturpark wachsen, unter ihnen die Kanarenmargerite, Onopordon nogalesii, der Jandía-Natternkopf und die Jandía-Wolfsmilch. In jedem einzelnen Lebensraum ist die jeweilige, typische Flora gut vertreten.

Bei den Tieren sind vor allem die Vögel mit 28 nistenden Arten zu erwähnen. Ihnen gegenüber stehen zwölf Säugetier- und drei Reptilienarten.

Bei den Säugetieren heben wir neben den Haustieren vor allem die kanarischen Spitzmäuse, Igel, Kaninchen und die nordafrikanischen Borstenhörnchen hervor. Letztere wurden Mitte der Sechzigerjahre eingeführt und haben sich schnell über das gesamte Territorium ausgebreitet.

Die Reptilien sind durch Ostkanarenskinke, Kanareneidechsen und Geckos vertreten.

Bei der Meeresfauna sind wegen ihrer Häufigkeit vor allem Miesmuscheln, Schüsselschnecken, Venusmuscheln, rote Krebse, Einsiedlerkrebse, Rennkrabben und Steinkrabben zu erwähnen. Seit 2006 wird versucht, wieder unechte Karettschildkröten an den Stränden von Cofete anzusiedeln.

Die menschliche Präsenz im Naturpark wird immer stärker. Die Landwirtschaft war wegen des Wassermangels nie von großer Bedeutung, jedoch stellt die stark vertretene Viehwirtschaft (vor allem frei lebende Ziegen) ein großes Problem für die natürliche Flora dar. Das größte Problem ist jedoch der sich stets ausbreitende Tourismus mit seinen Anlagen und Einrichtungen, die den natürlichen Reichtum der Insel bedrohen. Zu den traditionellen Ansiedlungen im Naturpark, wie Cofete und Puertito de la Cruz, kommen die großen und stets wachsenden Touristensiedlungen Morro Jable und Costa Calma auf der Windschattenseite der Insel. Dieser demografische Druck ist mit der Erhaltung der Natur im Naturpark nicht mehr vereinbar.

20 21 22 23 24 25 26 Kulturlandschaft von Betancuria. Sie bedeckt eine Fläche von 16.544,3 ha in den Gemeinden Puerto del Rosario, Betancuria, Antigua, Pájara und Tuineje. Im Park findet man auch das Naturdenkmal von Ajuí (31,8 ha).

Das Wichtigste in dieser Landschaft sind die geologischen Formationen. Der größte Teil der Oberfläche gehört zum Basiskomplex der Kanarischen Inseln und die Struktur der Gesteinsgänge gehört zu den bedeutendsten der Welt.

Die ersten Vulkanausbrüche auf der Insel bei Tetir, Gran Tarajal und Jandía kreisten den Naturpark ein. Die späteren Emissionen innerhalb des Parks (Morro Valdés) gehören aufgrund ihrer Ausdehnung zu den wichtigsten der Insel. Die anschließende Erosion hat die Landschaften, so wie sie sich heute darstellen, geschaffen.

Der Bereich auf den höchsten Erhebungen vom Morro Veloso bis zum Gran Montaña unterscheidet sich vom restlichen Park durch seine artenreiche Flora. Auf den Gipfeln und Hängen findet man wilde Ölbäume und Mastixsträucher, die letzten Zeugen einer strauchartigen Vegetation. An einigen Hängen im Osten von Betancuria kann man auch ein paar Pinienpflanzungen sehen. Ansonsten besitzt jeder der hiesigen Lebensräume seine eigene, typische Flora. Das Gleiche gilt für die verschiedenen Vogelarten.

Besonders hervorzuheben ist die große Zahl von Fledermäusen und die ebenfalls zahlreichen Exemplare des europäischen Laubfroschs am Stausee Las Peñitas.

Die Landwirtschaft wird weiterhin überwiegend auf Anbauterrassen an den Hängen der größten Täler betrieben. Eine weitere Anbautechnik stellen die sogenannten Nateros (Abschöpfer) dar. Es sind Steinmauern, die in den Abflussrinnen gebaut werden, um den vom Wasser abgeschwemmten Boden zurückzuhalten. In ihnen werden hauptsächlich Feigenbäume angebaut. Eine weitere, extremere Art der Bodennutzung, die praktisch aufgegeben ist, sind die sogenannten Steinketten. Sie dienten zur Bildung von Anbauterrassen an sehr steilen Hängen. Alle genannten Techniken waren sehr nützlich, um den großen Wassermangel auf der Insel zu kompensieren. Es wurden auch mehrere kleinere Staudämme gebaut. Die wichtigsten sind Los Molinos im Norden und Las Peñitas im Süden des Naturschutzgebietes. Beide Staudämme wurden jedoch im Laufe der Zeit durch vom Regen angeschwemmte Sedimente aufgefüllt. Sie stellen hervorragende Plätze für die Vogelbeobachtung dar. Die Viehwirtschaft musste sich an die natürlichen Gegebenheiten anpassen,

27

28

29

30

31

32

33

das heißt, es werden vorwiegend Ziegen gehalten.

Praktisch alle Einwohner des Parks leben in vier Ansiedlungen: Betancuria, Vega de Río Palmas, Ajuí und Los Molinos.

㉗ ㉘ ㉙ Naturdenkmal Malpaís de la Arena. Es liegt in der Gemeinde La Oliva und bedeckt eine Fläche von 870,8 ha. Dieses Lavafeld ist geologisch und geomorphologisch äußerst interessant.

Die Materialien dieses Naturdenkmals stammen aus der vulkanischen Serie IV (jüngster Vulkanismus). Die Eruptionen fanden entlang der Erdrisse statt, die auch die Ausrichtung der Vulkane bestimmten. Der Vulkan La Arena erreicht eine Höhe von 419 m und das zugehörige Lavafeld bedeckt eine Fläche von 12 km2. Die größten Öffnungen, aus denen die Lava austrat, befinden sich an der Basis des Vulkankegels, der hauptsächlich aus Lapilli, Asche und vulkanischen Bomben besteht. Die starken Eruptionen schufen einen Doppelkrater. Die ausgeworfenen Materialien sind gut erhalten und die ausgeflossene Lava bildete das Malpaís de la Arena, das zusammen mit den Sandablagerungen im Nordwesten das Naturdenkmal bildet.

Da dieses Lavafeld, geologisch gesehen, noch relativ jung ist, konnte sich noch keine komplexe Vegetation darauf bilden. Trotzdem wachsen in Spalten und Rissen, in denen sich Sedimente abgelagert haben, Wolfsmilchgewächse, Ginsterbüsche und Kleinien. Die Flechten sind jedoch zahlreich vertreten, vor allem durch Arten der Familien Roccella y Ramalina. Man findet sie hauptsächlich auf der Nordseite der Hänge und der Lavabrocken. Besonders hervorzuheben sind die zahlreichen Exemplare von Buchards Fliegenblume.

Bei den hier lebenden Wirbeltieren sind vor allem die Vögel zu erwähnen. Im Süden des Naturdenkmals, in Majada de la Lengua, gibt es eine Einrichtung, in der versucht wird, Kragentrappen für ihr späteres Aussetzen zu züchten.

Im Malpaís de la Arena wurden wertvolle Reste aus der Zeit der Ureinwohner gefunden. Fundstätten wie die von Tisajoyre und Tejate weisen auf komplexe architektonische Strukturen ihrer Bauten hin. Es existieren kaum menschliche Ansiedlungen innerhalb des Naturdenkmals.

30 31 32 33 Naturdenkmal Montaña de Tindaya. Es bedeckt eine Fläche von 186,7 ha in der Gemeinde La Oliva. Neben dem geologisch wissenschaftlichen Wert stellt dieser Ort eine alte Kultstätte für die magischen Riten der Ureinwohner dar. Derzeit gibt es Pläne, diesen Vulkan auszuhöhlen und ihn in eine Skulptur des Künstlers Eduardo Chillida umzuwandeln.

Der geologische Ursprung fällt mit den ersten vulkanischen Aktivitäten auf der Insel zusammen. Zwischen den enormen Magmamassen fanden Intrusionen* von anderen trachytischen Materialien statt. Nach diesem ersten vulkanischen Zyklus setzte die Erosion ein und legte im Laufe der Jahrtausende alte Materialien und Formationen frei. Dazu gehört auch dieses Naturdenkmal.

Dieser einzigartige Berg erhebt sich aus einer Ebene, die mehrere Kilometer weiter westlich am Meer endet. Diese Ebene, die absolut flach ist, stellt einen alten, abgeschliffenen Meeresboden dar, der nach dem Absenken des Meeresspiegels freigelegt wurde. Der allein stehende Berg ist von zahlreichen Punkten im Zentrum und Norden der Insel sichtbar und ist aufgrund seiner einzigartigen Form leicht erkennbar. Das Trachytgestein, aus dem der Berg besteht, weist farbige "Zeichnungen" von einer unvergleichlichen Schönheit auf. Diese Eigenschaft und die leichte Verarbeitung des Gesteins führten in der Vergangenheit dazu, dass hier Gestein für das Verzieren von Fassaden abgebaut wurde. Dies ist nun verboten, da der Berg als Naturdenkmal geschützt ist, jedoch hat es seine Spuren hinterlassen.

Die genannten Merkmale führten dazu, dass die Ureinwohner in diesem Berg einen mystisch-religiösen Ort sahen, dem sie magische Eigenschaften zuschrieben und auf dem sie Kultstätten einrichteten. Dies wird durch die Gravuren auf dem Gipfel und die archäologischen Funde am Fuß und an den Hängen bestätigt. Aus den genannten Gründen ist dieser Berg ein wertvolles Kulturgut, das heutzutage als solches geschützt ist.

Interessant sind auch die Pflanzen und Tiere, die auf und in der Nähe des Berges leben.

34

35

36

37

38

39

40

34 35 36 37 Naturdenkmal Caldera* de Gairía. Dieses Naturschutzgebiet liegt in den Gemeinden Antigua und Tuineje und bedeckt eine Fläche von 240,9 ha.

Der Schutz erstreckt sich auf den Krater Caldera de Gairía, eine Erhebung im Lavafeld aus älteren Materialien und die Lavafelder, die das sogenannte Malpaís Chico bilden. Der 416 m hohe Krater gehört zur jüngsten vulkanischen Serie (IV) und ragt aus der umgebenden Ebene auf. Er ist nach Südosten hin offen und sehr gut erhalten. An den Flanken ist zu erkennen, dass hier früher Lapilli abgebaut wurde.

An den Hängen des Kraters überwiegt die Balsam-Wolfsmilch, während auf dem Lavafeld die Stumpfblättrige Wolfsmilch den Ton angibt. Neben diesen beiden Arten besteht die vorherrschende Vegetation aus dornigem Gestrüpp.

Bei den hier lebenden Wirbeltieren sind vor allem die Vögel zu erwähnen, und hier vor allem Tagraubvögel wie die Schmutzgeier.

Was die menschliche Präsenz in dieser Gegend betrifft, sind einige wenige Hinweise auf Landwirtschaft und Viehzucht im Inneren des Kraters sowie ein paar alte Hirtenhütten erhalten.

Heutzutage wird in diesem Gebiet extensive Ziegenhaltung betrieben und diese stellt einen wichtigen Eingriff in die natürliche Regeneration der Vegetation dar.

38 39 40 41 42 Naturdenkmal der Felstürme (Cuchillos) von Vigán. Es bedeckt eine Fläche von 6.090 ha in den Gemeinden Antigua und Tuineje. Im Norden grenzt es an das Landschaftsschutzgebiet des Malpaís Grande.

Mit diesem Naturdenkmal sollen drei wichtige geologische Formationen geschützt werden: die Felsnadeln, die großen u-förmigen Täler und die Klippen an der Küste; und natürlich auch alle hier lebenden Pflanzen und Tiere.

Die Landschaft war früher ein ausgedehntes Lavafeld, das im ersten vulkanischen Zyklus entstand. Die starke Erosion hat Felstische, Felsnadeln und Felsinseln geschaffen. Einige der erodierten Täler wurden später durch neue Lavamassen aufgefüllt. Dies ist der Fall im Valle* de Pozo Negro, Valle* de la Cueva und dem Valle* de Jacomar, die während der vulkanischen Serie IV aufgefüllt wurden (Entstehung des Vulkans Toneles und des Mailpaís Grande).

Der höchste Punkt des Naturdenkmals ist der 462 m hohe Vulkan Montaña de Vigán. Die jüngsten Eruptivmaterialien in diesem Gebiet stammen aus dem Volcán de los Toneles, dessen nach Norden offener Krater über dem Cuchillo de Los Olivos zwischen den Tälern von Jacomar im Süden und La Cueva im Norden liegt. Die Lavamassen aus diesem Vulkan flossen wie ein Wasserfall über die Klippen und bildeten eine Plattform an der Küste. In diesem, dem Meer abgewonnenen Gelände, ist die Lava sehr zerklüftet und weist zahlreiche Höhlungen von erkalteten Gasblasen auf; ein idealer Unterschlupf für die Ureinwohner und deren Herden.

An der Küste bei Las Playitas sieht man alte Sedimente mit fossilisierten Resten von Tieren, die lange ausgestorben sind. Obwohl das Gebiet relativ wenig Vegetation aufweist, gibt es ein paar Bereiche, die äußerst interessant sind. Vorherrschend sind Flechten und dornige Sträucher, durchsetzt von wenigen Wolfsmilchgewächsen. Besonders erwähnenswert ist der Schmächtige Meerkohl, ein Endemit, von dem es nur noch ca. 50 Exemplare gibt.

In der Tierwelt dominieren hier die Vögel, obwohl man auch Reptilien wie Ostkanarenskinke, Eidechsen und Geckos beobachten kann.

Dieses Naturschutzgebiet ist auch wegen seiner archäologischen Fundstätten wichtig. Besonders zu erwähnen sind La Atalayita und das Valle de la Cueva.

Die älteste wirtschaftliche Aktivität ist hier die Viehzucht. Die Landwirtschaft geht immer weiter zurück, obwohl noch einige genutzte Anbauterrassen zu sehen sind. Den stärksten Eingriff des Menschen in die Natur stellen hier die Fischerei und das Sammeln von Meeresfrüchten dar.

Eine enge und wenig befahrene Landstraße führt durch den Barranco Roque bis zum Faro (Leuchtturm) de la Entallada.

43 44 45 46 Naturdenkmal Montaña de Cardón. Es bedeckt eine Fläche von 1.266,8 ha im Gemeindegebiet von Pájara. Das Massiv hat die Form eines Messers und seine höchste Erhebung reicht bis auf 690 m ü. NN. Es besteht aus Materialien der ersten vulkanischen

41

42

43

44

45

Serie und ist stark erodiert. Hervorzuheben sind die geomorphologische Schönheit und die artenreiche Flora. Hier nisten auch einige Vogelarten, die im Aussterben begriffen sind. Das Gebiet ist auch unter ethnografischen und archäologischen Gesichtspunkten interessant.

Hier wachsen Endemiten wie Salbei (Salvia herbanica) und Meerkohl. Ansonsten herrschen dornige Sträucher vor.

Bei den hier lebenden Wirbeltieren sind vor allem die Vögel zu erwähnen, unter ihnen der Schmutzgeier und der Berberfalke.

Überraschend ist eine Quelle auf mittlerer Höhe, aus der während des ganzen Jahres Wasser hervorsprudelt. Hier entstand ein kleines Feuchtgebiet, das auch als Viehtränke genutzt wird.

Auch hier gibt es äußerst interessante archäologische Fundstätten, die zurzeit verlassen und verfallen sind.

Erwähnenswert ist auch die Wallfahrt, die jedes Jahr zum Heiligtum der Virgen del Tanquito stattfindet.

47 48 49 Naturdenkmal von Ajuí. Es liegt in der Gemeinde Pájara und bedeckt eine Fläche von 31,8 ha. Das Naturdenkmal wird von der geschützten Kulturlandschaft von Betancuria umschlossen.

Es enthält die ältesten geologischen Materialien der Kanarischen Inseln. An den Hängen des Tals von Ajuí tritt der Basiskomplex der Insel zutage. Das Gestein ist von basaltischen Gesteinsgängen durchdrungen und wird von Meeressedimenten mit zahlreichen Fossilien, die teilweise 5 Millionen Jahre alt sind, bedeckt. Somit ist es möglich, die frühere Fauna und Flora der Insel und ihre Klimaänderungen zu untersuchen.

Ein äußerst interessantes Element des Naturdenkmals sind drei Vulkane mit ihren jeweiligen Lavafeldern. Sie liegen in drei kleinen Tälern und stammen aus der jüngsten vulkanischen Serie.

Den üppigsten Teil der Vegetation stellt eine Ansammlung von halophilen* (salzliebenden) Pflanzen an der Küste dar, zusammen mit den Tamarisken auf dem Grund des Tals.

Innerhalb des Naturschutzgebietes gibt es mehrere Wege, die es erlauben, den natürlichen, geologischen, archäologischen, historischen und kulturellen Reichtum der Gegend kennenzulernen.

Dazu gehören die grandiosen, in die Klippen gehauenen Höhlen, die Kalköfen und die Reste des alten Kais, von dem aus der Kalk exportiert wurde.

Zum Naturschutzgebiet gehört auch das kleine Fischerdorf Ajuí, das dem Gebiet seinen Namen gegeben hat.

50 51 52 Wissenschaftlich interessante Stätte Playa del Matorral. Sie bedeckt eine Fläche von 115,6 ha in der Gemeinde Pájara, ganz in der Nähe der Siedlung Morro Jable. Praktisch der gesamte Bereich besteht aus einem Feuchtgebiet, das regelmäßig vom Meer bespült wird. Diese Bereiche werden Salzwiesen genannt. Diese Salzwiese ist die wichtigste der Kanarischen Inseln und eine der bedeutendsten des Makaronesischen Archipels. Sie grenzt an Bereiche, die stark touristisch genutzt werden und einen felsigen Hügelrücken, der für den Bau der Landstraße fast ganz abgetragen wurde. Der flache Boden besteht aus vom Meer angespültem Sand und Sedimenten, die aus dem angrenzenden Tal angespült wurden.

Die Vegetation besteht aus Arten, die sich an den hohen Salzgehalt des Bodens angepasst haben: sogenannte halophile* Pflanzen.

Salzwiesen sind immer Aufenthalts- oder Nistplätze für See- und Wandervögel.

Dieses Naturschutzgebiet ist vom Menschen arg bedrängt. Es ist sehr schwierig, die natürlichen Gegebenheiten und somit die natürliche Entwicklung der Fauna und Flora zu erhalten. Bei den Gebäuden sind der Leuchtturm von El Matorral, eine Erste-Hilfe-Station und Bauten, die typisch für touristische Bereiche sind, zu erwähnen.

53 54 55 Landschaftsschutzgebiet des Lavafeldes Malpaís Grande. Es bedeckt eine Fläche von 3.245,3 ha in den Gemeinden Antigua und Tuineje. Es liegt in der zentralen Ebene der Insel und grenzt an das Naturdenkmal Cuchillos de Vigán.

Die Materialien dieses Naturdenkmals stammen aus der vulkanischen Serie IV (jüngster Vulkanismus). Die Lava stammt aus vier verschiedenen Vulkanen (La Calderilla, Caldera de los Arrabales, La Laguna und Liria). Von den vier genannten Vulkanen sind nur zwei Teil des Schutzgebietes, denn die beiden anderen wurden durch massiven Lapilli-Abbau teilweise zerstört.

49

50

51

52

Der Caldera de La Laguna ist an der Basis kreisrund, mit einem Durchmesser von 500 m. Der ebenfalls runde Krater misst lediglich 125 m im Durchmesser. Er ist 301 m hoch. Nicht weit davon entfernt, in südlicher Richtung, steht der Volcán de Liria, der ca. 70 m höher als seine Umgebung ist und an der Basis einen Durchmesser von 700 m hat. Der kleine Vulkan La Calderilla hebt sich 30 m von seiner Umgebung ab und hat eine Höhe von 133 m über NN. Seine Aktivität war explosiv und ohne Lavaausstöße. Ungefähr 550 m vom Calderilla entfernt erhebt sich der Caldera de los Arrabales. Der Krater dieses Vulkans misst 275 m im Durchmesser und ist 108 m tief. Hier wechselten sich Explosionen und Lavaemissionen ab. Er stellt den bedeutendsten Vulkan der Gegend dar und ist von wissenschaftlichem, geomorphologischem, didaktischem und touristischem Interesse.

Aus der Schichtung der Lavafelder lässt sich ersehen, dass die Eruptionen am Caldera de los Arrabales begannen und nördlich weiterzogen, bis zum Caldera de La Laguna. Bedingt durch die landschaftlichen Gegebenheiten floss die Lava des Caldera de los Arrabales nach Süden, die des Caldera de La Laguna zum Tal von Pozo Negro. Die Lavaausstöße erstreckten sich über sehr lange Zeiträume, waren jedoch nicht kontinuierlich.

Da diese Landschaft, geologisch gesehen, noch sehr jung ist, konnte noch keine komplexe bzw. artenreiche Flora entstehen. Vorherrschend sind hier die Flechten.

Bei den Tieren sind vor allem die Vögel zu erwähnen: Schmutzgeier, Bussarde, Falken, Felsenhühner, Triele, Wiedehopfe und kleinere Arten wie Kanarenschwarzkehlchen, Schwalben, Inselpieper und Wüstengimpel. Die Reptilien sind durch Ostkanarenskinke, Kanareneidechsen und Geckos vertreten, die Säugetiere durch Igel, Spitzmäuse, Ratten, Borstenhörnchen und Kaninchen.

Es gibt auch ein paar archäologische Fundstätten bei Lavaöfchen und in natürlichen Lavahöhlen.

Die Umformung der Gegend durch den Menschen ist weit vorangeschritten. Das Schutzgebiet wird von einer Landstraße und mehreren Wegen durchschnitten. Die Viehhaltung ist intensiv und in Bereichen, die nicht von Lava bedeckt sind, wird Landwirtschaft getrieben.

56 57 58 59 Landschaftsschutzgebiet von Vallebrón. Es bedeckt eine Fläche von 1679,6 ha in den Gemeinden Oliva und Puerto del Rosario.

Die vorherrschenden Materialien stammen aus der ersten vulkanischen Serie. Die Jahrtausende währende Erosion hat das Gebiet total zerklüftet (Montaña de la Muda) und tiefe Täler in die Landschaft gegraben.

An einigen Stellen wurden die älteren Materialien von Eruptionen des zweiten vulkanischen Zyklus überdeckt (Valle de Vallhondo).

Die Vegetation besteht meist aus dornigem Gestrüpp, durchsetzt von Wolfsmilch und Kleinien.

Die Vogelwelt ist typisch für die Täler der Insel.

Die Landwirtschaft ist stark im Rückgang begriffen und wirkt sich kaum auf die Landschaft aus. Dies gilt allerdings nicht für die immer noch sehr aktive Viehwirtschaft.

Die archäologischen Funde in dieser Gegend sind bedeutend: Besondere Erwähnung verdienen die Funde beim Montaña de la Muda mit einer Ansiedlung der Ureinwohner und entsprechenden Kult- und Begräbnisstätten. Interessant sind auch die Elemente der traditionellen Architektur wie Kalköfen, Brunnen und Wasserspeicher sowie Anbauterrassen und Steinketten, um den fruchtbaren Boden vor der Erosion zu schützen.

56

57

58

59

1

KULTURERBE

Die Aktivitäten der Menschen, die während der letzten Jahrhunderte in Lanzarote gelebt haben, haben der Insel ihren Stempel aufgedrückt. Die Summe der materiellen, kulturellen und sozialen Erscheinungen ist das, was wir heute kulturelles Erbe nennen. Außer bedeutenden Kulturgütern besitzt die Insel eine Unzahl von Orten und Plätzen, die uns Aufschluss über die Geschichte der Insel und die Lebensgewohnheiten ihrer Bewohner geben.

Fehlende Ausgrabungen, verlorene oder unter neuen Ansiedlungen begrabene Zeitzeugen und alte Materialien, die bei Neubauten verwendet wurden, verhindern ein tieferes Eindringen in die Geschichte.

Die meisten materiellen Kulturgüter stammen aus der Zeit nach der Eroberung der Insel durch Jean de Béthencourt (1402) bis heute.

Die historische Architektur lässt sich, je nach Verwendungszweck und Bauelementen, in vier Gruppen unterteilen:

- Religiöse Gebäude
- Einzigartige Gebäude
- Industrielle Gebäude
- Wohngebäude

Was die zeitgenössische Architektur betrifft, muss man die Wohnarchitektur, die in der volkstümlichen Tradition steht, und die monumentale Architektur der großen Hotels und Feriensiedlungen voneinander trennen.

2

Die Ureinwohner waren normalerweise Höhlenbewohner, das heißt, sie benutzten natürliche Höhlen an Berghängen und in Tälern. Wenn dies nicht möglich war, bauten sie Hütten, die ins Erdreich gegraben und mit Steinmauern umgeben waren. Nach Erreichen des Bodenniveaus wurde der Wohnraum mit großen Steinplatten in Form eines Gewölbes abgedeckt und mit einer Art Erdmörtel gegen Niederschläge abgedichtet. Diese Gebäude erhielten die Bezeichnung "tiefe Häuser".

Die bei Ausgrabungen gefundenen Keramik- und Gebrauchsgegenstände zeigen bei ihren Formen und Ornamenten Ähnlichkeiten mit denen der Berber und der Saharabewohner, was auf die Herkunft der Ureinwohner schließen lässt.

Der Begriff "Guanche", der für alle Ureinwohner der Inseln gebraucht wird, bezeichnet eigentlich ein Völkergemisch aus mediterranen, nordafrikanischen und negriden Rassen, die möglicherweise tausend Jahre vor unserer Zeitrechnung auf die Insel kamen.

Der erste bekannte Name der Insel ist "Erbania" und bezieht sich auf die große Mauer, die das Territorium in zwei von verschiedenen Stämmen beherrschte Bereiche teilte. Im Norden herrschte Ayoze und im Süden Guize. Später leiteten die Chronisten mit Bezug auf ihre Lebensweise aus dem Wort für Höhle (Majo oder Mahod) den Begriff Mahorata oder Maxorata für die Insel ab und nannten ihre Bewohner Majoreros oder Mahoreros.

❶ Mühle von Tiscamanita.
❷ Keramikvase. Museum der Mühle in Antigua.
❸❹ Häuser der Ureinwohner im Valle de Pozo Negro. Siedlung von Atalayita.
❺ Prähispanische Axt. Museum der Mühle in Antigua.
❻❼ Klosterkirche San Buenaventura. Betancuria.
❽ Iglesia* Santa María. Betancuria.
❾ Iglesia de Nuestra Señora de Antigua. Antigua.
❿ Iglesia de Santa Ana. Casillas del Angel.
⓫ Iglesia de San Miguel Arcangel. Tuineje.

Religiöse Gebäude. Über die verschiedenen Gebiete der Insel verteilt gibt es zwölf Kirchen und ungefähr zwanzig Kapellen.

7

Die Kirchen entstanden zusammen mit den wichtigsten Ansiedlungen und hinkten dem jeweiligen aktuellen Baustil hinterher.

Anhand ihres Reichtum an wertvollen Gegenständen lässt sich zurückverfolgen, wie die wirtschaftliche Lage der Orte, in denen sie stehen, im Laufe der Geschichte war. Die Gebäude stammen aus verschiedenen Epochen und mussten im Laufe der Zeit, bedingt durch Brände, Zerstörungen, Piratenangriffe oder Platzmangel wieder aufgebaut, umgebaut oder erweitert werden. Jede Kirche besitzt ihre eigenen Merkmale, wie beispielsweise die klassizistische Fassade der Kirche von Vega de Río Palmas, die wuchtige Fassade der drei Schiffe, aus denen die Iglesia* de La Candelaria en la Oliva besteht, das Portal mit aztekischen Reminiszenzen der Kirche von Pájara, das Mauerwerk der Kirche von Casillas del Ángel oder die Türme der Kirchen von Antigua, Tetir und San Miguel de Tuineje.

8

9

Die meisten Kapellen wurden im Laufe des 18. Jh. gebaut. Sie wurden von den Einheimischen selbst errichtet. Deshalb ist die Bauweise meist sehr einfach und die verwendeten Materialien ziemlich ärmlich.

Sie bestehen meist nur aus einem rechteckigen Schiff mit einer angebauten Sakristei. An den Ecken einiger

10

11

12

13

14

15

16

17

18

19

20

Kapellen sieht man behauene Steine vulkanischen Ursprungs. Die Giebeldächer bestehen meist aus Holz und sind mit Adobefladen abgedeckt. Der Rand besteht oft aus einer Reihe Ziegeln. Im nüchternen Inneren der Kapellen findet man normalerweise ein Pult, ein Taufbecken, ein Retabel und ein paar Bilder mit religiösem Inhalt.

21

---

12 Iglesia de Nuestra Señora de la Candelaria. La Oliva.
13 Iglesia de Nuestra Señora del Rosario. Puerto del Rosario.
14 Iglesia de Santo Domingo de Guzmán. Tetir.
15 Iglesia de Nuestra Señora de Regla. Pájara.
16 17 Iglesia de Nuestra Señora de la Peña. Vega de Río Palmas.
18 Ermita* de San Pedro Alcántara. La Ampuyenta.
19 Ermita de San Agustín. Tefía.
20 21 Ermita de San Pedro. Guisguey.
22 Ermita de San José. Tesejerague.
23 Ermita de Santa Inés. Valle de Santa Inés.
24 Ermita de Nuestra Señora de Los Dolores. La Caldereta.
25 Ermita de Nuestra Señora de la Concepción. Los Llanos de la Concepción.
26 Ermita de San Vicente Ferrer. Villaverde.
27 Ermita de Nuestra Señora de La Caridad. Tindaya.
28 Ermita de Nuestra Señora del Socorro. La Matilla.
29 Ermita de San Juan Bautista. Vallebrón.

22

23

24

25

26

27

28

29

30

31

32

33

34

Einzigartige Gebäude. Gebäude, die wegen ihrer Lage, ihrer Herkunft oder ihres Gebrauchs als einzigartig anzusehen sind, wie beispielsweise Friedhöfe, Verteidigungsanlagen, Leuchttürme oder Lagerhäuser (Cillas und Taros).

Bis Anfang des 19. Jh. wurden die Toten bei der Kirche von Betancuria in der Erde beigesetzt. Dann beginnt man, die ersten städtischen und örtlichen Friedhöfe zu bauen. Heute gibt es insgesamt zwölf. Mit Ausnahme der Friedhöfe von Pájara und Puerto del Rosario sowie der jüngsten Neubauten lehnen sich alle Friedhöfe an die traditionelle Bauweise an: weiß gekalkte Mauern mit kleinen pyramidenförmigen Ornamenten, rechteckiger Grundriss und Kapelle im Hintergrund.

Die Verteidigungsanlagen entstanden aus der Notwendigkeit, die Häfen zu schützen. Die Häfen von Caleta de Fuste, El Tostón und Tarajalejo waren Mitte des 17. Jh. unverzichtbar für den Handel und die Kommunikation mit der Außenwelt.

1741 werden die Festungen von El Tostón und Caleta de Fuste als strategische Verteidigungspunkte gebaut. Die Anlagen sind rund, zweistöckig und mit einem konischen Längsschnitt. Das obere Stockwerk, mit seinen Tonnengewölben, stützte das Wasserreservoir, während das untere die Aufenthalts- und Dienstränme des Personals aufnahm. Beide Festungen sind von Gräben umgeben, die sie schwer einnehmbar machten. Die Anlagen sind nach ihrer

Restaurierung in einem sehr guten Zustand.

Die vier Leuchttürme der Insel wurden Anfang des 20. Jh. gebaut und man kann zwei Typen unterscheiden: den rechteckigen Typ mit Innenhof (Lobos, Tostón und Punta de Jandía) und den Leuchtturm an der Entallada de Tuineje, der einzigartig auf dem ganzen Archipel ist und durch seine besonders sorgsame Verarbeitung auffällt. In Morro Jable und Puerto del Rosario findet man neue, moderne Leuchttürme.

Was die traditionelle Lagerhaltung angeht, so unterscheidet man zwei

30 Ermita de San Isidro Labrador. Triquivijate.
31 Ermita de Nuestra Señora del Buen Viaje. El Cotillo.
32 Ermita de Nuestra Señora de Guadalupe. Agua de Bueyes.
33 Ermita de San Marcos. Tiscamanita
34 Ermita de San Antonio. Lajares.
35 Ermita de San Francisco. Las Pocetas.
36 Ermita de San Antonio de Pádua. Toto.
37 Ermita de San Roque. Casillas de Morales.
38 39 Friedhof von Tuineje.
40 Festung in El Tostón. El Cotillo.
41 Festung von Caleta de Fuste. El Castillo.
42 Leuchtturm an d. Punta de Jandía.
43 Leuchtturm der Insel Lobos.
44 Leuchtturm von La Entallada.
45 Leuchtturm von El Cotillo.

40

41

42

43

Typen von Gebäuden: die Cillas und die Taros.

Die Cillas sind Gebäude, in denen die Kirche ihre Ernte und den Zehnten (zehnter Teil der Ernte als Abgabe an die Kirche) aufbewahrte. Es gab mehrere dieser Lagerhäuser auf der Insel, beispielsweise in Tetir, Tiscamanita und La Oliva. Nur letzteres ist gut erhalten.

Die Taros sind ländliche Gebäude, die der Architektur der Bauernhäuser entsprechen. Sie sind aus Stein, Lehm und Kalk gebaut und dienten als Silo, Käserei und Geräteschuppen. Sie sind rund, haben einen Durchmesser von drei bis fünf Metern und sind drei bis sechs Meter hoch, je nachdem ob sie ein- oder zweistöckig sind. Zurzeit kann man noch sechs Taros besichtigen: in Lajares, La Matilla, Pájara und Ampuyenta.

Historische Industriegebäude. Damit sind Gebäude gemeint, die der heimischen Produktion dienten, wie beispielsweise Gerbereien, Kamelmühlen, Windmühlen, Kalköfen und Salinen. Die Gerbereien (Tenerías) bestehen

46 47 Cilla** von La Oliva.
48 Taro** in La Matilla.
49 Färberei von Mézquez.
50 Handmühle. La Alcogida. Tefía.
51 Kamelmühle. La Alcogida. Tefía.
52 Zeichnung Innenraum einer Mühle.
53 Mühle in Tefía.
54 Mühle in Antigua.
55 Mühle in Los Llanos de la Concepción.

** siehe Erklärung im Text

49

50

51

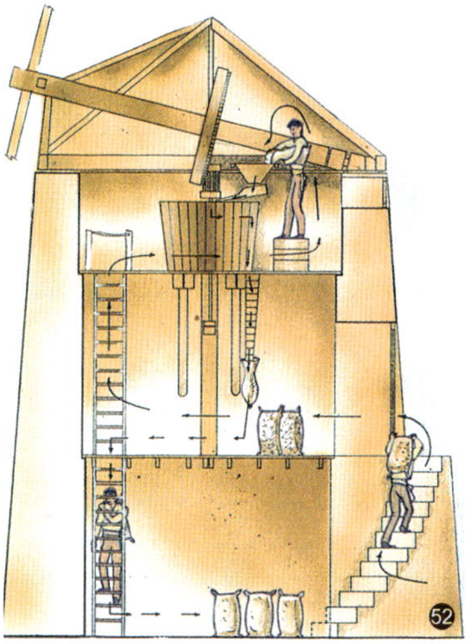
52

53

54

55

aus mehreren Räumen und Becken, die für die jeweiligen Phasen des Gerbens gebraucht wurden. Erhalten ist nur noch die Gerberei von Mézquez.

Da die Insel vom Getreideanbau lebte, hatten alle Gerätschaften, die zum Mahlen von Getreide dienten, eine ganz besondere Bedeutung.

Man begann mit Handmühlen römischen Ursprungs. Ihre Bedienung war einfach und ihre Bauteile einfach herzustellen. Die wichtigsten Teile waren zwei gleichgroße, runde, aufeinander liegende Mahlsteine. Im oberen Stein gab es mehrere Öffnungen, in die man Stöcke einsetzen konnte, die als Griffe für die Ausführung der Drehbewegung dienten. Die Mahlsteine waren aus Basalt. Diese Handmühlen gab es in jeder Familie und sie wurden oft benutzt, um das tägliche Gofio zu mahlen.

Aus ihnen wurden dann Tahonas (Kamelmühlen) entwickelt. Diese Mühlen waren fester Bestandteil eines jeden Bauernhofs. Sie waren die Vorläufer der Windmühlen und stammen aus dem 16. Jh. Sie wurden entweder von einer Gruppe von Menschen oder von einem Kamel angetrieben, das an die Almijarra (Antriebsstange) angeschirrt wurde, die auf einen komplexen Mechanismus aus Mahlsteinen, Lagern, Wellen, etc. wirkte.

Die Windmühlen tauchen im 17. und 18. Jh. als Ersatz für die Tahonas auf der Insel auf und werden zu typischen Elementen der Insellandschaft. Man unterscheidet die Molino Macho oder männliche Mühle und die Molina oder weibliche Mühle.

Das Erscheinen der Windmühlen wurde von zwei Faktoren bedingt: das Klima und die wirtschaftliche Struktur

---

56 Flügel einer Windmühle.
57 Mühle in Los Valles de Ortega.
58 Mühle in Los Llanos de la Concepción
59 Mühle in Lajares.
60 Mühle in Antigua.
61 62 Mühlen in Villaverde.
63 Mühle in Antigua.
64 Mühle in La Corte.
65 66 Mühle und Anbauten der Mühle von Tiscamanita.
67 Mühle in Antigua.
68 Mühle in Puerto Lajas.
69 Mühle in Los Valles de Ortega.

62

63

64

65

66

67

68

69

70

71

72

73

74

75

76

der Insel. Einerseits wehen die Passatwinde während des ganzen Jahres und frischen im Juli und August, genau nach der Erntezeit, auf. Andererseits war während vieler Jahre der Getreideanbau die wichtigste Einkommensquelle der Insel.

Beide Faktoren zusammen ergaben, dass während des 17. und 18. Jh. zahlreiche (männliche) Molinos gebaut wurden. Im 19. Jh. tauchen dann die weiblichen Molinas auf.

Die "Molino Macho" wurde aus den kastilischen Ebenen importiert. Sie ist rund und nach oben konisch zulaufend. Der Mechanismus liegt im oberen Teil der Mühle und wird von einem Dach aus Holz und Blech geschützt. Das Dach liegt auf einem Doppelring aus Holz, der das Drehen der Segel in den Wind mithilfe einer Achse ermöglicht. Sie hat vier oder sechs Segel und ist zweistöckig. In einem Stockwerk ist das eigentliche Mahlwerk untergebracht und im anderen wurde das Getreide verarbeitet.

Die "Molina" zeigt deutliche Unterschiede am Gebäude und an der Mechanik. Sie hat eine horizontale Achse mit sechs Segeln, die mit hölzernen Lagern versehen ist. Die Kraftübertragung erfolgt über das "Rad" auf eine vertikale Metallspindel, die die Mühlsteine in der unteren, aus Holz gebauten Struktur des dreieckigen Mahlwerks antreibt. Die gesamte Struktur liegt auf einer Basis, die mithilfe einer Stange in die vorherrschende Windrichtung gedreht werden kann. Das Gebäude selbst ist aus Steinen und Kalkmörtel gebaut und besitzt normalerweise nur einen rechteckigen Raum, in dem gemahlen wird. Einige dieser Mühlen haben Anbauten, die als Wohnung oder Lager dienten.

Der Grad der Erhaltung der 38 Mühlen, 23 Molinos und 15 Molinas, ist unterschiedlich. Die besterhaltenen

77

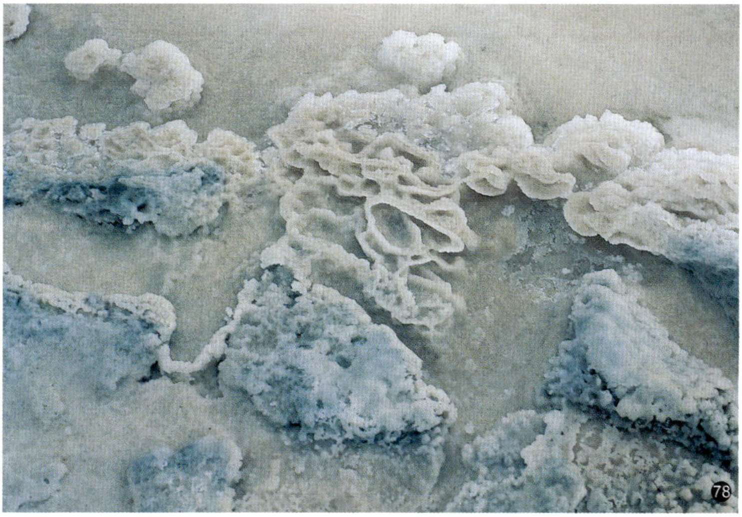
78

79

70 Mühle m. sechs Flügeln. Almácigo.
71 Mühle (Molina) in Tefía.
72 Mühle (Molina) in Lajares.
73 Kalkofen von La Guirra. El Castillo.
74 Kalkofen in Tiscamanita.
75 Salinas del Carmen. Las Salinas.
76 77 78 Verschiedene Formen und Farben des Salzes.
79 Traditionelles Haus mit Wasserspeicher im Hof. La Alcogida. Tefía.
80 Bauernhöfe in La Alcogida. Tefía.

81 Haus in Betancuria.
82 Detailansicht eines trad. Fensters.
83 84 Türen mit Steinstürzen.
85 Innenhof eines traditionellen Hauses. La Alcogida. Tefía.
86 In ein Landhotel umgebautes Bauernhaus "Casa Isaítas". Pájara.
87 Holzofen.
88 In ein Landhotel umgebautes Bauernhaus "Tamasite". Tuineje.
89 Rathaus von Betancuria.

Mühlen sind im Besitz der Inselverwaltung (Cabildo).

Die Kalköfen tauchen im 17. Jh. auf, zusammen mit der Nutzung der Kalkgruben auf der Insel. Man benutzte Kalk zur Reinigung von Regenwasser, zum Anstreichen und für den Mörtel beim Bau der Häuser. Die Kalköfen befinden sich entweder in der Nähe der Kalkgruben oder in der Nähe von Häfen (Export). Die meisten Kalköfen sind rund, jedoch gibt es auch rechteckige und gemischte Typen. Typ und Bauweise sind je nach benutztem Brennmaterial (Holz oder Kohle) verschieden. Die holzbefeuerten Öfen sind kleiner, meistens rund, zwischen drei und sechs Meter im Durchmesser und haben nur eine Öffnung. Einige sind halb unterirdisch oder in Schluchten angelegt, um die Beschickung bzw. das Herausholen des Fertigprodukts zu erleichtern. Die mit Kohle befeuerten, die hauptsächlich für den Export betrieben wurden, sind meistens rechteckig und vier bis sechzehn Meter lang, bis zu zehn Meter hoch und mit bis zu vier Öffnungen unterschiedlicher Größe.

Zuletzt noch die Salinen, ein herrliches Beispiel menschlichen Erfindergeistes. In den Salinen wird Salz aus Meerwasser, das unter Sonneneinwirkung verdampft, gewonnen.

Trotz der Fortschritte in der chemischen Industrie und in der Konservierung von Lebensmitteln durch Kälte hat dieses universelle Produkt eine beinahe magische Überlebenskraft gezeigt. Das Entstehen der Konservenindustrie bedeutete das Ende der Salinen auf den Inseln. Heute gibt es aus dieser Zeit nur noch eine Saline, die Salinas del Carmen, die restauriert wurde und heute ein wichtiges historisches, landschaftliches, architektonisches, ethnografisches, kulturelles und ökologisches Denkmal darstellen.

Wohngebäude. Sie werden in zwei große Gruppen unterteilt: Die traditionellen Wohnhäuser der Bevölkerung und die Herrenhäuser.

Was die einfachen Wohnhäuser so interessant macht, ist ihre totale Anpassung an die Landschaft und die vorherrschenden klimatischen Gegebenheiten: konstanter Wind und dauernder Wassermangel. Die Lage der Häuser wird von der Lage des Was-

85

86

87

88

89

90

91

92

serspeichers und dem Schutz vor dem Wind bestimmt. Die Bearbeitung der benutzten Steine erreichte eine große Perfektion, vor allem was die Dekoration von Türrahmen und Fenstersimsen angeht, bis das Weißen und Verzieren mit Kalk eingeführt wurde.

Die schönsten Beispiele für die traditionelle Architektur findet man auf dem Land: Der Grundriss ist ein Rechteck in dessen Inneren ein weiteres Rechteck den Innenhof bildet, von dem aus man Zugang zu den Zimmern hat, die nicht untereinander verbunden sind. Die Zahl der Zimmer hängt von den Bedürfnissen und den finanziellen Möglichkeiten seiner Besitzer ab.

Die Baumaterialien stammen aus der näheren Umgebung und werden wenig oder gar nicht bearbeitet. Zuerst baute man mit trockenen Steinen, dann mit Steinen aus Lehm, dann mit Kalkmörtel und zuletzt mit Blöcken aus vulkanischem Sandstein und Zement. Die Giebeldächer wurden mit Pírganos (Hauptnerv der Palmblätter), Weißdorn oder Strauchtabak (Nicotiana glauca) konstruiert. Später wurden für die Dachstruktur Latten und Bretter aus Kiefernholz benutzt. Die Dachabdeckung ist die Torte, eine Mischung aus Lehm und Weizenstroh. Die externe Struktur der Mauern besteht aus einem rauhen Putz, der nicht mit einer Reibe geglättet wird und von Zeit zu Zeit mit Kalk getüncht wird.

Die Wohnhäuser lagen normalerweise dicht bei der wirtschaftlichen Aktivität und sind meist nach Südosten ausgerichtet. Die wichtigsten Räume dieser Häuser waren die Küche und der Wasserspeicher. Andere Einrichtungen wie Weinpressen, Keller, Dreschplatz, Ställe, Trockenboden, die Art des verwendeten Holzes und die Zahl der Fenster gaben dem Haus seinen individuellen Charakter. Die Küchen dienten auch als Schlaf- und Versammlungsraum. Zum Kochen diente der Tenique (ein Stein auf dem Feuer mit Büschen oder Holzstämmen gemacht wurde), später benutzte man den Reverbero (ein kleiner Apparat, der mit Spiritus funktionierte), der schließlich durch andere Ofentypen und schließlich von Petroleumöfen ersetzt wurde.

Die Backöfen der Küchen gingen meist nach außen und bildeten einen Wulst in der Küchenwand. Sie waren meist würfel- oder zylinderförmig und hatten eine kuppelförmige Decke. Das eigentliche Innere der Öfen war mit vulkanischen Steinen ausgekleidet, die zugleich leicht waren und die Hitze gut speicherten.

Die Schornsteine der Küchen weisen einen klaren maurischen Ursprung auf.

Die Wasserspeicher wurden da gebaut, wo das Gelände leicht abfällt. Das Wasser floss durch ein natürliches Sieb (Coladera), um Sedimente herauszufiltern. Das Sieb bestand aus gepressten Ginsterbüschen. Wenn der Wasserspeicher leer war, griff man auf die Brunnen zurück.

Die Herrenhäuser, deren Struktur eindeutig portugiesisch, andalusisch oder kastilisch beeinflusst ist, stehen im Zusammenhang mit der Macht der Lehensherren, der Kirche und der Verwaltung (Betancuria, Antigua, Pájara), des Militärs (La Oliva) und der Landwirtschaft (Tuineje, Antigua, Tetir, Casillas).

---

90 Traditionelles Esszimmer. La Alcogida. Tefía.
91 Traditionelle Küche. La Alcogida. Tefía.
92 Franziskanerkonvent San Buenaventura. Betancuria.
93 Casa de Los Coroneles. La Oliva. Fassade.
94 Innenhof mit Galerie.
95 Haupteingang.
96 Treppe zum Obergeschoss.
97 Wohnzimmer.

1

PUERTO DEL ROSARIO

Puerto de Cabras war bis Ende des 18. Jahrhunderts ein Landstrich, in dessen saftige Weiden die Hirten aus Tetir und Umgebung ihre Herden trieben und ihr Vieh an den Süßwasserquellen tränkten.

Die eigentliche Geschichte von Puerto de Cabras beginnt erst um das Jahr 1805, als Seeleute beginnen, ihre Hütten neben den dortigen Ziegenställen zu errichten.

Eine Frau namens María Estrada aus Tetir richtete in einem Steinhaus die erste Taverne ein. Durch den Handel mit Salzkraut wuchs dieser Ort, der schon 1810 eine außerordentliche Bedeutung erlangte, sehr schnell.

1806 trennte sich Puerto de Cabras von der Pfarrei Tetir und wurde der Jungfrau des Rosenkranzes geweiht.

Die Jahre nach 1808 waren Hungerjahre für die gesamte Insel.

Der Ort wuchs weiter, bis er sich 1835 endgültig von der Gemeinde Tetir trennte. Durch seine Bedeutung als Seehafen, seine geografische Lage und seine Stellung als Handelszentrum wurde er schließlich im Jahr 1860 zur Hauptstadt der Insel erklärt.

Die einzigen Exportartikel jener Zeit waren: Salzkraut, Orseille*, Kaskarillrinde, Lackmusflechten und Moose. In den Jahren 1925-1926 werden die Gemeinden Tetir und Casillas del Angel eingemeindet.

1956 wird der alte Name durch den heutigen Namen Puerto del Rosario ersetzt.

Heute besteht die Gemeinde Puerto del Rosario aus den folgenden Orten: El Matorral, El Time, García Escámez, Guisguey, La Ampuyenta, La Asomada, La Matilla, Llanos de la Concepción, Puerto Lajas, Tefía und Tesjuate.

Das Gemeindegebiet umfasst 290 km^2, reicht von Küste zu Küste und die Hauptstadt liegt 16 Meter über dem Meeresspiegel.

Die Dienstleistungen, einschließlich Transport und Handel, stellen den wichtigsten Wirtschaftssektor der Stadt dar, gefolgt vom Bauwesen und der Industrie. Fischerei und Landwirtschaft haben für Puerto del Rosario, wie auch für die anderen Ortschaften der Insel, wirtschaftlich nur noch eine drittrangige Bedeutung.

Die örtlichen Feste sind: Vom 1. - 7. Oktober das Fest der Schutzpatronin Virgen del Rosario und der Aschermittwoch.

Kulturgüter, die erwähnenswert sind:

Das Dorf La Alcogida, in Tefía, das repräsentativ für die volkstümliche Architektur der Insel ist: Steinwände, Wege, Nutzung des wenigen Wassers durch den Anbau auf Terrassen.

Die Kirche Santa Ana in Casillas del Angel mit ihrem originellen Turm aus schwarzem Gestein im Kolonialstil* und die im 18. und 19. Jahrhundert wiedererrichtete Kirche von Tetir, Santo Domingo, in der ein schönes Retabel und bemerkenswerte Malereien zu finden sind.

Nicht zu vergessen die Kapellen von La Matilla, La Asomada, El Time, Tefía und die Kapelle San Pedro de Alcántara in La Ampuyenta.

Interessant ist auch der Skulpturenpark, der sich mit mehr als 100 Werken von zahlreichen Künstlern über die ganze Stadt zieht.

2

❶ Quelle der Esplanade (Autor: Amancio González).

❷ Alexandra Alegría und Berta la Gorda (Autorin: Petra Koonstrad).

❸ Überblick vom Sporthafen aus.

❹ Der Papagaienfischangler (Autor: Juan Miguel Cubas).

❺ Gepäck aus Übersee (Autor: Eduardo Úrculo).

❻ Hommage an Suso Machín (Autor: Silverio López).

❼❽ Zentrum für Kunsthandwerk in La Alcogida. Tefía. Neben der traditionellen Architektur findet man hier Kunsthandwerker, die Keramik, Palmblätter, Schilf, Stein, Messing, Holz und Stoffe verarbeiten.

LA OLIVA

Aufgrund der zahlreichen archäologischen Funde ist man zu dem Schluss gekommen, dass es in diesem Teil der Insel eine ansehnliche, frühgeschichtliche Ansiedlung gab und sich hier der Sitz des alten Königreichs Maxorata befand. Die ersten europäischen Siedlungen stammen aus dem 14. Jh.

Mit dem Anstieg der Bevölkerung wird der Bau einer Kapelle erforderlich und ein Mönch aus Betancuria kümmert sich um die Seelsorge der kleinen Gemeinde. Im Jahre 1708 wird eine Kirche gebaut und im Jahre 1711 wird die Gemeinde unabhängig von Betancuria.

Im Jahr 1708 werden die Militärregierung und der Posten des Obersten gegründet, der gleichzeitig oberster Waffenherr und nur dem Generaloberst unterstellt ist. La Oliva wird permanenter Sitz der Militärregierung. Die Militärregierung hatte auch zivile Macht, die sie erst 1859 verlor, als das Regiment vom Kriegsministerium aufgelöst und der Oberbefehl an die Garnison in Puerto del Rosario übergeben wurde.

Seit 1812 ist La Oliva eine eigenständige Gemeinde.

Zur Gemeinde La Oliva gehören die Orte: Corralejo, El Cotillo, La Caldereta, Lajares, El Roque, Tindaya, Vallebrón und Villaverde.

Das Gemeindegebiet von La Oliva hat eine Oberfläche von 356 Km^2 und die Hauptstadt liegt auf 219 m ü. NN.

Seine Wirtschaft basiert hauptsächlich auf dem Tourismus, der sich in Corralejo konzentriert, gefolgt von der Fischerei und der Landwirtschaft.

Die örtlichen Feste sind: am 2. Februar die "Virgen de la Candelaria", am 19. März "San José" und am 16 Juli "Nuestra Señora del Carmen".

Kulturgüter der Gemeinde:

Das Haus der Obristen (Casa d. Coroneles) aus dem 18. Jh., eine relativ nüchterne Architektur mit zwei Stockwerken, einem zentralen Hof mit Holzpfeilern und drei Türmen. Es hat 365 Fenster, so viele wie das Jahr Tage hat. Die Fassade hat 8 barocke Balkone aus Holz und über dem Portal sieht man das Familienwappen der Cabrera, der Familie des 5. herrschenden Obersten, der das Gebäude errichten ließ.

Die Kirche, die der Jungfrau der Candelaria geweiht ist, hat drei Schiffe und eine Fassade aus schwarzem Gestein aus der Gegend. In ihrem Innern gibt es einige bedeutende Gemälde.

Die archäologischen Funde in Tindaya, eine Kultstätte der Ureinwohner.

Die Festung von El Tostón, in El Cotillo, gebaut zwischen 1741 und 1743. Ein gutes Beispiel für Festungen aus dieser Epoche.

Und auf der Montaña Quemada, eine Gedenkstätte für Miguel Unamuno (span. Schriftsteller, der nach Fuertev. verbannt wurde), der ein großer Freund und Liebhaber der "Durstigen Erde" war.

Die Landschaft ist abwechslungsreich und in ihr findet man Zeugen aus allen geologischen Epochen. Materialien des Basiskomplexes, weite Ebenen, der salische Felsen von Montaña Tindaya, jüngere Lavafelder, große, u-förmige Täler und weite Dünenfelder, die in herrliche Strände mit weißem Sand übergehen.

1

❶ Naturpark von Corralejo.
❷ Der Kleine Kai. Corralejo.
❸ Fischerdenkmal (Autor: Paco Curbelo). El Cotillo.
❹ Playa de Corralejo.
❺ Das Fischerhandwerk (Autor: A. S. Castelló). El Cotillo.
❻ Sporthafen von Corralejo.
❼ Rathaus von La Oliva. La Oliva.

ANTIGUA

Die Ortschaft wurde vor 1485 gegründet. Zu Beginn war es eine Ansiedlung andalusischer und normannischer Familien, die dort Ackerbau und Viehzucht betrieben.

Obwohl die Kapelle, die der Jungfrau von Antigua geweiht ist, eine der ältesten der Insel ist, wird Antigua erst im Jahre 1784 unabhängige Pfarrei.

Erst 1812 wird Antigua eine unabhängige Gemeinde und Inselhauptstadt für eine kurze Zeit. Im 19. Jh. wird aus geografischen und wirtschaftlichen Gründen die Inselregierung an diesen Ort verlegt, was öffentliche Unruhen und das Eingreifen der Militärs zur Folge hatte.

Zur Gemeinde Antigua gehören Agua de Bueyes, Caleta de Fuste, Las Pocetas, Las Salinas, Pozo Negro, Valles de Ortega, Triquivijate und Casillas de Morales.

Die Fläche der Gemeinde beträgt 250,5 Km^2 und der Ort Antigua liegt auf 254 m ü NN.

Was den Tourismus anbetrifft, muss man Caleta de Fuste erwähnen, ein Touristenzentrum, das immer mehr Arbeitsplätze schafft und in diesem Wirtschaftssektor immer bedeutender wird. Die Landwirtschaft, mit und ohne Bewässerung (in Gewächshäusern), die extensive Viehwirtschaft (Ziegen) und die Fischerei bei Pozo Negro haben lediglich eine sekundäre Bedeutung.

Die örtlichen Feste sind: Nuestra Señora de Antigua am 8. September und Fastnachtsdienstag.

Kulturgüter der Gemeinde:

Die Kirche von Antigua aus dem 18. Jh. mit klarem franziskanischem Einfluss; die archäologischen Funde von La Atalayita und El Junquillo; die Kapelle von Agua de Bueyes, die Nuestra Señora de Guadalupe geweiht ist und die Kapelle von Casillas de Morales; die Festung von Caleta de Fuste, aus dem 18. Jh. und die charakteristischen Windmühlen der Ebenen.

Die höchste Erhebung ist der Morro de Janana (674 m) im Massiv von Betancuria, das nach Westen hin abfällt und in eine Ebene übergeht, die den größten Teil des Gemeindegebietes einnimmt. Im Osten findet man eine Aneinanderreihung von u-förmigen Tälern, die den Lavamassen des Gairía und des Toneles als "Flussbett" dienten. Die Lavamassen dieser Vulkane formten das Malpaís Chico und das Malpaís Grande im Tal von Pozo Negro.

1

❶ Playa de El Castillo.
❷ Walskelett bei den Salinas del Carmen.
❸ Rathaus von Antigua.
❹ Denkmal der Kunsthandwerker (Autor: Pau Valverde). Antigua.
❺ Traditionelles Fischen bei Pozo Negro.

TUINEJE

Die Geschichte dieser Gemeinde hat nicht viele wichtige Daten aufzuweisen. In Tuineje und Tarajal de Sancho gibt es einige frühgeschichtliche Funde, die diese Tatsache untermauern. Nach der Eroberung durch die Spanier geht das ruhige Leben weiter bis zum Jahr 1590, in dem es der Gemeinde Betancuria angeschlossen wird. Erst 1790 wird die Gemeinde zur unabhängigen Pfarrei und trennt sich von Betancuria.

Im 17. und 18. Jh. wird seine Geschichte etwas turbulenter, bedingt durch die ständigen Piratenangriffe, die über die Bucht von Gran Tarajal ins Landesinnere vordrangen. 1740 drangen englische Piraten ein, die jedoch bei der Schlacht in den Llanos de la Florida und bei Tamasite geschlagen wurden, obwohl die Inselbewohner den Eindringlingen in Zahl und Bewaffnung weit unterlegen waren. In dieser Schlacht wurden die Dromedare als Streitrösser benutzt.

1872 wird Tuineje unabhängige Gemeinde. Sie besteht aus folgenden Orten: Gran Tarajal, Tarajalejo, Giniginámar, Las Playitas, Tiscamanita, Tesejeragüe, La Florida, La Fuentita, Catalina García, Las Casitas und El Charco.

Gran Tarajal, das bis Anfang dieses Jahrhunderts praktisch entvölkert war, ist heute die zweitgrößte Ortschaft der Insel und größer als Tuineje, von dem es administrativ abhängt.

Die Fläche der Gemeinde beträgt 276 km² und der Ort Tuineje liegt auf 205 m ü. NN.

Das Charakteristische der Umgebung von Tuineje sind die weiten Ebenen, die von Barrancos durchsetzt sind. Die Küste besteht aus Klippen, außer dort, wo die Täler ins Meer münden: Tarajalejo, Giniginámar, Gran Tarajal, Las Playitas und Gran Valle. Ein Teil der Naturschutzgebiete des Malpaís Grande mit der Caldera de los Arrabales und des Vigán-Massivs mit den Barrancos de Gran Valle y del Roque gehören zu dieser Gemeinde. Diese Gegenden sind ökologisch sehr interessant und laden zu herrlichen Spaziergängen am Meer ein.

In diesen Tälern findet man neben der üblichen Inselvegetation noch sehr viele Palmen- und Tamariskenhaine.

Die örtliche Wirtschaft basiert auf Fischfang, Landwirtschaft, Viehwirtschaft und Tourismus. In der Landwirtschaft sind die in Treibhäusern angebauten Tomaten der wichtigste Pfeiler, während die überall grasenden Ziegen die Basis einer bedeutenden Käseherstellung sind. Gran Tarajal, Las Playitas, Giniginámar und Tarajalejo sind die wichtigsten Fischerorte der Insel und die Feriensiedlungen bei diesen Orten gehören ebenfalls zu den wichtigsten.

Interessant ist, dass der Anstrich der Häuser nicht in Weiß gehalten ist, um sich vor Angriffen von außen zu tarnen. Bei den prähistorischen Funden ist das Tagoror (Kultstätte der Ureinwohner) bei Tarajal de Sancho zu erwähnen. Bei den religiösen Gebäuden ist die Kapelle von San Marcos in Tiscamanita mit franziskanischem Einschlag zu erwähnen, ebenso wie die Pfarrkirche von San Miguel, auf deren Retabel die Schlacht von Tamasite dargestellt ist. Die örtlichen Feste sind: La Candelaria am 2. Februar und San Miguel am 13. Oktober.

1

❶ Platz und Kirche San Miguel in Tuineje.

❷ Beim Fest des Erzengels San Miguel wird jedes Jahr an die Landung der Engländer und die Schlacht von Tamasite erinnert.

❸ Hommage an die Arbeiterrinnen bei der Tomatenernte. Gran Tarajal.

❹ Rathaus von Tuineje.

❺ Fischerdenkmal. Las Playitas.

❻ Platz in Gran Tarajal.

❼ Golfplatz bei Las Playitas.

BETANCURIA

Der Ort wurde 1404 vom gleichnamigen Eroberer der Insel gegründet und wurde kurze Zeit danach zur zweitwichtigsten Stadt der Kanarischen Inseln. Das Banner der Eroberung ist noch erhalten. Es wird im Museum der Kathedrale ausgestellt und einmal im Jahr anlässlich der Angliederung der Insel an Kastilien im Jahr 1405 unter Heinrich III. gehisst.

Die nach der Eroberung errichtete Kirche wird 1424 vom Papst Martin IV. zur Kathedrale erhoben. Er ernannte auch einen Bischof, der jedoch nie auf der Insel residierte.

Im Laufe ihrer Geschichte wurde die Insel mehrmals von meist berberischen Piraten überfallen, von denen Xabán de Arráez am schlimmsten wütete, denn er ließ die Stadt und mitsamt ihren Archiven zerstören und verschleppte 600 christliche Gefangene. Dies alles geschah 1593. Schon im selben Jahr begannen die Arbeiten zum Wiederaufbau der Stadt und der Kathedrale, die erst 1691 vollständig beendet waren.

Von 1667 bis 1836 ist Betancuria Residenzstadt der Lehensherren. Bis 1837 beherbergte sie auch die Franziskaner, die ein bedeutendes Werk hinterließen.

Später wurde sie Sitz der Inselverwaltung, die bis 1820 die Geschicke der Insel gemeinsam mit den Lehensherren lenkte und später zum sogenannten Cabildo umfunktioniert wurde.

Im Jahr 1812 erhält die Stadt durch die verfassungsgebende Versammlung von Cádiz eine eigene, unabhängige Verwaltung, verliert aber schließlich 1834 ihre Funktion als Inselhauptstadt.

Zu Betancuria gehören auch die Täler Valle von Santa Inés und Vega del Río Palmas.

Die Fläche des Gemeindegebietes beträgt 104 km^2. Betancuria liegt auf 395 m ü. NN. Die Landschaft von Betancuria ist sehr schroff. Die höchste Erhebung ist der Pico Betancuria mit 724 m, der auch dem Bergmassiv, das hauptsächlich zum Basiskomplex gehört, seinen Namen gibt.

Beinahe das gesamte Gemeindegebiet gehört zum Landschaftspark von Betancuria, der von großem

1

2

3

4

5

6

landschaftlichen Interesse ist. Vom Morro Velosa bei der Landstraße nach Antigua hat man einen herrlichen Ausblick auf die Gegend.

Die wichtigsten Wirtschaftszweige des Ortes sind Landwirtschaft und Viehzucht, die hauptsächlich in den Tälern Vega de Río Palmas und Betancuria betrieben werden. Da an der Küste Ansiedlungen praktisch unmöglich sind, wird auch praktisch kein Fischfang getrieben; einen Beitrag zum Wohlstand der Ortschaft leisten neuerdings die Touristen, die den alten Stadtkern besuchen.

Die Gemeinde besitzt die wichtigsten Kulturgüter der Insel Fuerteventura. Die gesamte Altstadt von Beatancuria steht unter Denkmalschutz. Besonders hervorzuheben sind:

Die Kathedrale weist nach 100 Jahren der Rekonstruktion verschiedene Stile auf: Gotik, (maurisch-spanischer) Barock, Renaissance und Mudejarstil. Die seitlichen neoklassizistischen Altarbilder sind erhalten, ebenso der barocke Hauptaltar, der mehrfarbig und mit Gold verziert ist. In der Kirche werden eine Gemälde- und eine Schnitzereisammlung sowie das möglicherweise älteste Silber der Kanarischen Inseln aus dem 16. Jahrhundert aufbewahrt.

Sehenswert sind auch die Ruinen des Franziskanerklosters San Buenaventura, dem Papst Benedikt XIII. im Jahre 1414 seinen Segen gab. Es wurde 1460 wieder aufgebaut und erweitert. Im 19. Jh. stürzte das Dach ein, was die Anlage in die heutige Ruine verwandelte. Die Klosterkirche steht neben der Kapelle des Heiligen Diego de Alcalá, der hier begraben liegt.

7

8

9

10

11

12

Das Museum für sakrale Kunst im alten Pfarrhaus, das 1983 restauriert wurde, zeigt Stücke aus allen Kirchen der Insel.

Das Museum von Betancuria stellt schließlich historische und völkerkundliche Stücke sowie Geräte aus der Landwirtschaft und Viehzucht aus.

Die Kapellen Valle de Santa Inés und Virgen de la Peña in Vega de Río Palmas haben für die Insel eine große Bedeutung, da an den Festen zu Ehren der Heiligen stets die gesamte Insel mit Umzügen und Tanz auf der Straße teilnimmt. Der Stausee von Las Peñitas und das umgebende Tal stellen eine der schönsten Landschaften der ganzen Insel Fuerteventura dar.

Die örtlichen Feste sind: 14. Juli, Fest zu Ehren des Schutzpatrons der Insel, San Buenaventura; am dritten Samstag im September, Fest zu Ehren Schutzheiligen Virgen de la Peña, der Schutzpatronin der Insel, und am 24. August San Bartolomé.

---

❶❺❻❼❽❾❿ Wallfahrt zu Ehren der Virgen de la Peña.
❷ Eine Straße in Betancuria.
❸ Blick über die Gemeinde.
❹ Ehrung der Landarbeiterinnen.
⓫⓬ Das Kunsthandwerk ist immer noch bedeutend in der Gemeinde.
⓭ Um Betancuria herum gibt es mehrere Naherholungsgebiete.
⓮⓯ Weg zum Stausee und Engpass von Las Peñitas.
⓰⓱ Palmen bei den zahlreichen Anbauterrassen.

PAJARA

Im 16. Jh. siedelten sich hier Fischer und Hirten an und gründeten cinen Ort, der heute zu den ältesten der Insel gehört. Im Jahr 1708 wurde die Kapelle gebaut, die der Jungfrau von Regla geweiht war und der Kirchengemeinde Betancuria unterstellt war. 1711 wurde sie unabhängig und bildete eine eigene Pfarrei. 1729 wurde eine Garnison gegründet, die von La Oliva aus kommandiert wurde und diesen Teil der Insel vor Angriffen schützen sollte.

Die Gemeinde Pájara wurde 1812 unabhängig und zu ihr gehören: El Cardón, Chilegua, La Lajita, Matas Blancas, El Puertito, Puerto de la Peña (Ajuy), Toto und Morro Jable. Die Kirche von Pájara mit zwei Schiffen und wichtiger Fassade am Hauptschiff im klassischen Stil, dreieckig mit Rosette und auf Säulen gestützt. Das Interessante sind die Motive, die aztekisch inspiriert sind wie Sonnen, Schlangen, Löwen, Tauben usw., deren Ursprung nicht genau bekannt ist.

Die Gesamtoberfläche des Municipio beträgt 383,6 Km^2. Pájara ist die Gemeinde Spaniens mit der längsten Küste (150 km, von denen 70 km Strände sind). Der Hauptort liegt 196 m ü NN und die meisten Bewohner haben sich an den Küsten von Jandía angesiedelt. Das Bedeutendste sind die Strände, sowhl auf der Luv- als auch auf der Leeseite der Insel. Die höchste Erhebung (der Gemeinde und der Insel) ist der Pico de La Zarza (807 m). Der Istmo de La Pared teilt das Gebiet in zwei unterschiedliche Gebiete. Es ist eine 4 km breite Landenge, die von Küste zu Küste mit Sand bedeckt ist.

Der Tourismus ist die Haupteinnahmequelle und Jandía ist das wichtigste Touristenzentrum der Insel. Die Landwirtschaft produziert hauptsächlich Tomaten und Kartoffeln in den Treibhäusern der Täler und auf bewässerten Feldern. Die Viehwirtschaft ist ebenfalls sehr wichtig, da es weitläufige, nicht bebaute Flächen gibt, wo die Ziegen grasen können. Ein weiterer, jedoch nicht so wichtiger Wirtschaftfaktor ist die Fischerei, die ihre Zentren in Ajuy, La Lajita und Morro Jable hat.

Die örtlichen Feste sind: Nuestra Señora de la Regla am 2. Juni und Nuestra Señora del Carmen am 16. Juli.

1

1. Pottwalskelett. Morro Jable.
2. Blick auf Morro Jable.
3. Iglesia de Nuestra Señora de Regla. Pájara.
4. Wasserrad. Pájara.
5. Fischerdenkmal (Autor: Rafael Gómez. Morro Jable.
6. Blick auf El Puertito. Punta de Jandía.

ALLGEMEINE INFORMATIONEN

Klima. Die Insel besitzt ein Halbwüstenklima mit sehr geringen Niederschlägen (140 mm jährlich) und liegt im Bereich der Passatwinde. Die Temperaturen auf der Insel werden durch die vorherrschende Meeresströmung (kalte kanarische Strömung) deutlich gemildert, woraus sich eine durchschnittliche Jahrestemperatur von 20,16ºC mit geringen Temperaturschwankungen ergibt. Der kälteste Monat ist der Januar und der wärmste ist der August.

Bedingt durch die Lage in den Subtropen wird das Wetter auf den Kanarischen Inseln fast das ganze Jahr über von Hochdruckgebieten bestimmt. Die Inseln liegen unter dem Einfluss des Azorenhochs, das auch für die Passatwinde (NO) verantwortlich ist. Da diese Winde lange Strecken über dem Meer zurücklegen, kommen sie auf den Inseln mit Feuchtigkeit und Salz beladen an und bilden horizontale Wolken. Durch den Widerstand der Insel steigt die Windgeschwindigkeit, die durchschnittlich 23 km/h beträgt.

Wenn sich das Hochdruckgebiet zurückzieht, ändern die Winde ihre Richtung und somit ihre Herkunft: Winde vom Atlantik (aus SO) oder polare Winde (aus N oder NO), die die Jahrestiefsttemperaturen, die Mehrzahl der Niederschläge und manchmal sintflutartige Regenfälle mit sich bringen; tropische Winde vom afrikanischen Kontinent, die auf der Insel "Südwetter" oder "Levante" genannt werden und meist Staub aus der Sahara (Calima) mit sich bringen.

Die relative Luftfeuchtigkeit* bewegt sich zwischen 19 % und 38 %. Ein weiteres wichtiges Merkmal ist die hohe Zahl der Sonnenstunden, die jährlich bei ca. 2.800 liegt. Regenfälle sind selten und kommen nur in den Monaten von September bis Mai vor. Die Wassertemperatur an der Oberfläche bei der Insel schwankt zwischen 17ºC und 23ºC.

Leben und Evolution auf der Insel. Die Kanarischen Inseln sind Teil der biogeografischen Einheit, die allgemein als Makaronesien (griech. makarios = glücklich, nesos = Insel) bekannt ist. Sie setzt sich aus fünf atlantischen Inselgruppen (Azoren, Selvagens, Kanarische Inseln, Madeira, Kapverdische Inseln) zusammen. Diese Gebiete sind, was die Fauna und Flora anbetrifft, eng miteinander verwandt.

Der größte Teil der Pflanzen und Tiere der Kanarischen Inseln stammt aus Afrika und Europa. Während im Laufe der letzten Millionen von Jahren die Fauna und Flora dieser Kontinente sich dauernd veränderte, um sich den veränderten klimatischen Gegebenheiten anzupassen, haben sich in Makaronesien, aufgrund des stabilen Klimas, viele Lebensräume erhalten, und dies hat bewirkt, dass viele Arten, die in anderen Gegenden aus ihren Lebensräumen verdrängt wurden oder sogar ganz verschwunden sind, in Makaronesien weiter existieren und durch die Evolution aus ihnen sogar neue Arten entstanden.

Die Kanarischen Inseln sind zu einem lebendigen Museum geworden, wo man, neben Ökosystemen und Lebewesen aus vorherigen Epochen, die Schaffenskraft der Natur und den Evolutionsverlauf auf Inseln beobachten kann. Wenn damals die vorgeschriebene Quarantäne Darwin nicht daran gehindert hätte, die Inseln zu besuchen, hätte er auf ihnen die Argumente für seine Beschreibung der Evolution gefunden, die er erst später auf den Galapagosinseln und an den Küsten Südamerikas finden sollte. Obwohl es auf den Kanarischen Inseln nicht viele Wirbeltiere gibt, so finden wir doch unter den Reptilien und den Vögeln ähnliche Exemplare, wie die, die dazu benutzt wurden, die berühmte Evolutionstheorie zu formulieren. Dieser relativen Armut an Wirbeltieren steht ein großer Schatz von Pflanzen und wirbellosen Tieren gegenüber, der immer noch nicht ganz erforscht ist, denn immer noch werden neue Arten entdeckt und in den Katalog der natürlichen Reichtümer der Kanarischen Inseln und der Welt aufgenommen.

Der biologische Reichtum der Kanarischen Inseln ist durch den Besuch und die Publikationen von berühmten Forschern (Humboldt, Webb, Berthelot, Viera y Clavijo, etc) dokumentiert, und ebenso durch die Tatsache, dass einige Teile des Archipels zum Kulturerbe der Menschheit (El Cedro) oder zum Biosphärenreservat (Bosque de los Tilos auf La Palma 1983, Lanzarote 1993, El Hierro 2000, Gran Canaria 2005 und Fuerteventura 2009) erklärt wurden.

Gastronomie. Aus klimatischen Gründen und aus Tradition sind die Mahlzeiten einfach. Sie bestehen größtenteils aus Fisch und den landwirtschaftlichen Produkten der Insel und sind mit schmackhaften Soßen und besonderen Gewürzen zubereitet.

Die Beilage Gofio, die seit Jahrhunderten fast alle traditionellen Speisen der Insel begleitet, ist aus geröstetem Getreide hergestelltes Mehl. Der Gofio amasado besteht aus diesem Mehl, das mit Wasser, Milch, Fischbrühe, Kartoffeln, Honig, Wein, usw. in einem Topf verknetet wird. Der für Fuerteventura typische Gofio wird aus geröstetem Weizen- und Gerstenmehl zubereitet. Weizen und Gerste waren das auf der Insel am häufigsten angebaute Getreide. Beliebt ist auch der Gofio de millo, ein grobes Mehl aus geröstetem Mais.

Weitere Beilagen bzw. Vorspeisen:

Papas arrugadas: kleine Kartoffeln mit Schale, die mit wenig Wasser und viel Salz gekocht werden. Dazu wird die scharfe Soße Mojo picón gereicht.

Der sogenannte "Queso majorero"(Käse aus Fuerteventura) aus Ziegenmilch ist aufgrund seiner Qualität möglicherweise das bekannteste Produkt der Insel.

Pejines: kleine Fische, beispielsweise Sardinen, Sardellen, etc., die erst an der Sonne getrocknet und dann im Ofen oder in der Pfanne geröstet werden, oder einfach kurz über die Alkoholflamme gehalten werden.

Weichtiere: Miesmuscheln, Schüsselschnecken und Venusmuscheln, gedünstet oder eingelegt.

Schalentiere: Seespinnen, Krebse, Garnelen, Langusten und Entenmuscheln.

Gebratene Kraken und kleine Tintenfische.

Vieja (Papagaienfisch) vom Grill: Papagaienfisch, der gewaschen, rücklings aufgeschnitten und 24 Stunden lang an der Sonne getrocknet wird.

Bei den Brühen sind besonders typisch: die Fischbrühe, die Kartoffelbrühe mit Ei und die Maibrühe, eine Brühe mit hartem Brot und Zucchini oder mit Erbsen.

Die schmackhaftesten Eintöpfe sind: der Puchero canario mit Kichererbsen oder Bohnen und Eintöpfe mit Schüsselschnecken, Kaninchen, Hähnchen, Zunge, Kabeljau, gebratenem Fisch, rohem Krackbarsch, Oktopus, Wildtaube und junger Ziege. Als Beispiel hier das Rezept für die junge Ziege (cabrito): Man schneidet das Ziegenfleisch in Stücke, legt es in Salzwasser ein und brät es anschließend. Währenddessen brät man ein paar Scheiben Brot und ein paar Knoblauchknollen an. Man löscht mit genügend Wasser für die Soße ab und gibt etwas Essig, gemahlenen, schwarzen Pfeffer und gehackte Petersilie hinzu. Das Ganze lässt man eine Zeit lang kochen und dann gibt man es zum Ziegenfleisch hinzu. Eine exquisite Mahlzeit.

Das gebratene Fleisch der jungen Ziege mit scharfer Soße (Mojo picón) und das eingelegte Kaninchen sind ebenfalls sehr typisch für die traditionelle Küche der Insel.

Logischerweise wird auf der Insel viel Fisch gegessen: Eintöpfe mit Krackbarsch und Riesenbarsch, mit Kartoffeln oder Bataten und dann mit Mojo picón übergossen; Katzenhai mit Mojo, ein schmackhafter und zarter Fisch, der frisch und getrocknet angeboten wird; Papageifische, Meerbarben, Ziegenbarsche, Weißbrassen, Muränen, etc., gebraten oder gekocht, mit Essig und Öl, etc. Die Liste ist unendlich.

Und nach dem Essen, ein guter Nachtisch: Ein Pudding aus Reismehl, Ananas mit Mandeln, süßes Gebäck oder Käsepudding. Hier das alte Rezept: «Zu einem Pfund Käse gibt man ein Pfund Kuhspeck, ein Pfund Zucker, zwölf Eigelb und sechs Eiklar. Alles gut schlagen und verrühren, in Formen geben und dann im Ofen backen.»

Wenn man zum Essen auch noch einen guten Wein getrunken hat, war die Mahlzeit sicher ein voller Erfolg. ¡Guten Appetit!

Ausflugsrouten. Die Insel besitzt verschiedene Arten von Landschaften, die alle einen Besuch wert sind. Die engen Landstraßen sind für langsames Fahren und öfteres Anhalten nicht geeignet. Wir raten deshalb dem Besucher, Pisten oder Feldwege zu nehmen, um die Landschaften in Ruhe genießen zu können. Auf diese Weise kann man auch die Lebensräume sowie das pflanzliche und tierische Leben, die in diesem Buch beschrieben werden, aufmerksam beobachten.

Wählen Sie unter den meistbefahrenen Pisten diejenigen aus, die Ihnen am sichersten erscheinen, und seien Sie vorsichtig, wenn Sie zu komplizierten Stellen kommen. Drehen Sie um, wenn Sie der Meinung sind, dass Sie oder Ihr Fahrzeug die Strecke nicht bewältigen können. Um der Landschaftszerstörung entgegenzutreten, verlassen Sie nicht die eingefahrenen Pisten und eröffnen Sie keine neuen Wege. Obwohl die Pisten auch andere Fortbewegungsmittel zulassen, empfehlen wir Allradfahrzeuge, die in einigen Fällen unabdingbar sind. Auch das Fahrrad passt sich den meisten Pisten ganz gut an, jedoch müssen einige Routen in mehreren Etappen bewältigt werden. Einige Wege kann man auch zu Fuß machen oder man lässt sein Fahrzeug stehen und macht kleinere Ausflüge in die jeweilige Gegend.

Wir empfehlen das von uns herausgegebene Buch "**FUERTEVENTURA**", in dem mehrere Routen auf der Insel im Detail beschrieben sind. Jede Route wird begleitet von schriftlicher und grafischer Information (Zeichnungen und Fotos). Die Begleittexte enthalten allgemeine Informationen und eine genaue Beschreibung der Route. Die angegebene Zeit ist großzügig berechnet und schließt Fußmärsche, ein Bad im Meer und/oder Erholungspausen mit ein. Die Bewertung (leicht, mittel, schwer) bezieht sich auf die Annahme, dass die Routen mit einem 4x4-Fahrzeug unternommen werden.

In den Beschreibungen sind alle Informationen enthalten, auch die, die sich auf die Umwelt, Vegetation, Fauna, etc. beziehen. Die Beschreibungen verzichten, im Rahmen des Möglichen, auf komplexe wissenschaftliche Ausdrücke. Wir erwähnen jedoch häufig Pflanzen- und Tiernamen, geologische Formationen und Ortsnamen, in der Annahme, dass der Leser diese Informationen zu schätzen weiß.

Die Zeichnungen basieren auf Luftaufnahmen im Maßstab 1:25.000, in die wir nachträglich Namen und Daten eingetragen haben. Der Maßstab variiert ein wenig, abhängig vom Platz im Text, jedoch liegt er stets bei ca. 1 cm = 250 m.

Treffen Sie einige Vorsichtsmaßnahmen: Schützen Sie Kopf und Haut vor der Sonne, tragen Sie geeignetes Schuhwerk und nehmen Sie Wasser und Proviant mit. Bitte verhalten Sie sich der Natur gegenüber immer respektvoll.

Unsere Routen führen oft durch entlegene Ebenen, Berge, Lavafelder und Schluchten, und natürlich auch über Klippen an die Küste, zu den langen, mit weißem Sand bedeckten Stränden.

Bibliografie

- J.M. HERNANDEZ-RUBIO CISNEROS: "Fuerteventura en la Naturaleza y la Historia de Canarias".

- J. M. HERNANDEZ-RUBIO CISNEROS: "Fuerteventura hasta la abolición de los Señorío. 1477-1837".

- OCTAVIO RODRÍGUEZ DELGADO y AUTORES: "Patrimonio Natural de la isla de Fuerteventura". Cabildo de Fuerteventura. 2005.

- JUAN FRANCISCO DELGADO GÓMEZ: "Canarias, Islas y Pueblos". Autor y editor. 2006.

- RAIMUNDO RODRÍGUEZ Y RAFAEL PAREDES: "Fuerteventura". Rai ediciones. 2006.

- CONSTANTINO CRIADO HERNANDEZ: "Evolución del Relieve de Fuerteventura".

- ARANA V. y CARRACEDO, J.C.: "Los Volcanes de las Islas Canarias II. Lanzarote y Fuerteventura". 1979. Editorial Rueda.

- Ley 12/1994, de 19 de diciembre, de Espacios Naturales de Canarias.

- Colección de láminas sobre Fuerteventura:
  a) Los Fósiles de Fuerteventura en su Historia Geológica.
  b) La Fauna Jandiense.
  c) Los Depósitos del Inicio del Pleioceno y sus Fósiles.
  d) El Jandiense: Estratigrafía en Las Playitas.
  e) El Erbaniense y su Fauna.

- BRAMWELL, D.& BRAMWELL.Z.: "Flores Silvestres de las Islas Canarias". 1990.

- KUNKEL, G.: "Flora de la Isla de Lobos". Cabildo Insular de Gran Canaria. 1970.

- GUILLERMO B. PERDOMO: "Lanzarote Jardín de Cactus". Cabildo de Lanzarote. 2006.

- Varios autores: "Las Plantas Autóctonas de Lanzarote". Cabildo de Lanzarote. 2007.

- GERARDO GARCIA CASANOVA: " http://avesencanarias.blogspot.com".

- MANUEL LUIS GIL GONZÁLEZ: "floradecanarias.com".

- MORENO, J.M.: "Guía de las aves de las Islas Canarias". 1988.

- MARTIN, P. y CARDONA, A.: "Avifauna Canaria II. Aves de zonas bajas". Cabildo Insular de Fuerteventura.

- MIGUEL PIZARRO: "Peces de Fuerteventura". Consejería de Agricultura y Pesca del Gobierno Canario.

- Varios autores: "Peces de Canarias". Editorial Lemus. 1995.

- Varios autores: "Guía visual de Especies Marinas de Canarias". Divulgación, Educación y Ciencia. 2006.

- ALEJANDRO GONZALEZ MORALES: "Estructuras Agrarias Recientes de Fuerteventura".

- Tomos I, II, III y IV: "Jornadas de estudio sobre Fuerteventura y Lanzarote".

- ANTONIO DE BETHENCOURT Y AURINA RODRÍGUEZ: "Ataques ingleses contra Fuerteventura. 1740".

- RAMON F. CASTAÑEYRA: "Memoria sobre las costumbres de Fuerteventura". Prólogo, introducción y notas de FRANCISCO NAVARRO ARTILES.

- PEDRO CARREÑO FUENTES. "Recetas culinarias".

- Revistas El Zurrón.

- CARMELO DOMINGUEZ HORMIGA: "El Sector Primario en Fuerteventura. Canales de Comercialización".

- CARMELO DOMINGUEZ HORMIGA: "Política turística en Fuerteventura".

- DOMINGO VELAZQUEZ: "Los caminos".

- MIGUEL DE UNAMUNO: "De Fuerteventura a París".

- DOMINGO VELAZQUEZ: "Poemas del sueño errante".

- M. HORMIGA: "Poemas de Pe a Paz".

- MAXIMILIANO TRAPERO: "Romancero de Fuerteventura".

- "La Batalla de Tamasite". El Cuchillete.

Landkarten

- Mapa Geológico de España (1:50.000). Instituto Geológico y Minero de España. C.S.I.C.

- Cartografía Militar de España (Serie L, 1:50.000; Serie C, 1:100.000) Servicio Geográfico del Ejército.

- Mapa de RAI Ediciones, 1:100.000

- Fotografía aérea (1hoja): 1:100.000. RAI Ediciones.

GLOSSAR

Anbauterrassen: An Berghängen angelegte Terrassen mit Stützmauern für die Gewinnung von bebaubarem Boden und die optimale Nutzung des Wassers.

Artenvielfalt: Auch Artendiversität genannt, ist ein Maß für die Vielfalt der biologischen Arten innerhalb eines Lebensraumes oder geographischen Gebietes und somit für die Vielfalt von Flora, Fauna und der Mikroorganismen.

Barranco: Bergeinschnitt, Tal oder Schlucht.

Basalt: Basalt ist ein vulkanisches Ergussgestein. Es besteht vor allem aus einer Mischung von Eisen- und Magnesium-Silikaten mit Olivin und calciumreichem Feldspat.

Basiskomplex: Unterseeischer Inselsockel, der aus Materialien besteht, die weitaus älter als die vulkanischen Gesteine der Insel sind.

Caleta: Kleine Bucht.

Caldera: Eigentlich: Kessel. Wird für die Bezeichnung von Vulkanen und Vulkankratern gebraucht.

Eiszeit Eiszeiten (Kaltzeiten) sind Phasen der Erdgeschichte, in denen es zur Eisbedeckung an Polen und in Gebirgen, sowie zu Gletschervorstößen bis in mittlere Breiten kommt.

Endemisch: In der Biologie verwendet man die Bezeichnung Endemiten für Pflanzen und Tiere, die nur in einer bestimmten, klar räumlich abgegrenzten Umgebung vorkommen. Diese sind in diesem Gebiet endemisch.

Ermita: Kapelle, kleine Kirche

Erosion: Als Erosion bezeichnet man die Zerstörung der Formen der Erdoberfläche durch Abtragung. Die linienhafte Vertiefung der Erdoberfläche geschieht durch Fließgewässer oder Gletscher. Wind, Meeresbrandung und auch Niederschläge erzeugen flächenhafte Erosionserscheinungen.

Fauna: Fauna bezeichnet die Gesamtheit der Tierarten in einem Gebiet.

Flechten: Als Flechte bezeichnet man eine symbiotische Lebensgemeinschaft zwischen einem Pilz, dem so genannten Mykobionten, und einem oder mehreren Partnern, die Photosynthese betreiben. Flechten sind keine Pflanzen und nehmen eine Sonderstellung ein.

Flora: Als Flora (auch Pflanzenwelt) wird der Bestand an Pflanzenarten einer bestimmten Region beziehungsweise die systematische Beschreibung ihrer Gesamtheit bezeichnet

Gea: Hier als Synonym für für alle nichtorganischen Elemente einer Gegend.

Geomorphologisch: Die Geomorphologie untersucht die Zusammenhänge und gegenseitigen Beeinflussungen von Lithosphäre (Stein), Atmosphäre (Luft), Hydrosphäre (Wasser), Pedosphäre (Böden) und Biosphäre (Leben).

Gesteinsgänge: Gesteinsgänge sind plattenartige, meist weit reichende Gesteinskörper aus magmatischem Gestein, die größere Spalten ausfüllen und das umgebende Gestein schneiden oder durchkreuzen.

Habitat: In der Biologie ist ein Habitat ein charakteristischer Wohn- oder Standort, der von einer Art besiedelt ist.

Subvulkanisch: Die Kategorie Subvulkanisches Gestein umfasst alle Gesteine, die als Ganggesteine, oder Subvulkanite klassifiziert werden.

Halophil: Als Halophile oder Halotolerante (abgeleitet vom griechischen hals, halos = Salz) werden Organismen bezeichnet, die in Umgebungen mit erhöhter Salzkonzentration leben. Als Salz gilt dabei nicht nur Kochsalz, sondern auch jedes andere Mineralsalz.

Hygroskopisch: Hygroskopie bezeichnet in der Chemie und Physik die Eigenschaft, Feuchtigkeit aus der Umgebung (meist in Form von Wasserdampf aus der Luftfeuchtigkeit) zu binden.

Iglesia: Kirche

Intrusion: (Geologie): das Eindringen von fließfähigem Material (z.B. Magma) in bereits existierende Gesteinskörper.

Jable: Sand- oder Dünenfeld, das von angewehtem Sand gebildet wird.

Lackmusflechte: Eine Flechte, die zur Gewinnung von blau-violettem Farbstoff benutzt wurde.

Landenge: Ein Isthmus oder Landenge ist ein relativ schmaler Streifen Land, der zu beiden Seiten von Wasser begrenzt ist und zwei größere Landmassen miteinander verbindet.

Lava: Lava ist die Bezeichnung für eruptiertes Magma, das an die Erdoberfläche ausgetreten ist. Die Bezeichnung rührt daher, dass es fließt, solange seine Temperatur entsprechend hoch ist. Sowohl auf der Erdoberfläche fließende Lava als auch die aus der Bewegung heraus erstarrte Lava wird als Lavastrom bezeichnet.

Leeseite: Windschattenseite

Luvseite: Windseite

Makaronesien: Makaronesien umfasst fünf Inselgruppen als Unterregionen: Azoren, Madeira, Selvagens, Kanarische Inseln und Kapverdische Inseln.

Malpaís: Bedeutet schlechtes Land und bezieht sich auf den Inseln auf unfruchtbare, zerklüftete Lavafelder.

Kolonialstil: Mit Kolonialstil bezeichnet man einen historischen Baustil der Europäer in den ehemaligen europäischen Kolonien in Amerika.

Ökosysteme: Ein Ökosystem ist ein System, das die Gesamtheit der Lebewesen (Biozönosen) und ihre unbelebte Umwelt, den Lebensraum (Biotop), in ihren Wechselbeziehungen umfasst.

Organischer Sand: Sand, der nicht aus Mineralien besteht, sondern aus erodierten Schalen von Meerestieren.

Orseille: Die Orseille ist ein purpurner Farbstoff, der aus Flechtenarten der Gattung Rocella, die in Küstennähe wachsen, gewonnen wird.

Paleoböden: Alte Böden, die auf die Zeit der Entstehung der Kontinente zurückgehen.

Plankton: Plankton ist die Bezeichnung für die frei im Wasser treibenden und schwebenden Organismen.

Plutonisch: Die Kategorie Plutonisches Gestein umfasst alle Gesteine, die als Plutonite, auch benannt als Intrusiva, Intrusivgesteine oder Tiefengesteine, klassifiziert werden.

Pyroklasten: Pyroklasten sind (Gesteins-)Fragmente, die durch Zerreißen oder Zerbrechen (Fragmentierung) oder durch direkte Kristallisierung infolge vulkanischer Aktivität aus einem festen oder flüssigen vulkanischem Ausgangsmaterial entstanden sind.

Relative Luftfeuchtigkeit: Die Luftfeuchtigkeit, oder kurz Luftfeuchte, bezeichnet den Anteil des Wasserdampfs am Gasgemisch der Atmosphäre oder in bestimmten Räumen.

Reuse: Eine Reuse ist eine seit dem Mesolithikum bekannte Vorrichtung, die überwiegend für den Fischfang genutzt wird. Reusen sind in der Regel tonnen- oder kegelförmig und bestehen aus Korb-, Netz- oder Drahtgeflecht, heutzutage auch aus Kunststoff, mit einem trichterförmigen Eingang, durch den die einmal hineingelangten Wassertiere nicht wieder zurückfinden.

Salzkraut: Salsola, Gattung der Gänsefußgewächse mit über 100 Arten; in Mitteleuropa vertreten durch das Gewöhnliche Salzkraut, Salsola kali; an salzhaltigen Stellen des Binnenlands und an der Meeresküste häufige Pflanzen mit fleischigen, pfriemlich stacheligen Blättern; früher zur Soda- und Pottaschegewinnung benutzt.

Salzwiesen: Salzwiesen sind vom Meer periodisch oder in unregelmäßigen Abständen überflutete Bestände krautiger Pflanzen (Salzpflanzenvegetation). Sie bilden den natürlichen Übergang und die biologische Grenze zwischen Land und Meer auf gezeitengeprägten alluvialen Weichsubstratböden (Schwemmböden).

Schelf: Der Schelf (auch Kontinentalschelf, Kontinentalsockel, Festlandssockel) ist die Bezeichnung für den flachen, küstennahen Meeresboden, der bis zu 200 Meter unter dem Meeresspiegel liegt.

Trachyt: abgeleitet vom griechischen Wort (trachys) mit der Bedeutung rau, ist ein vulkanisches Gestein.

Valle: Tal

Vegetationsstufe: Stufe der Vegetation an Berghängen mit jeweils nach Höhenlage unterschiedlicher Pflanzengesellschaft (Flora).

Winderosion: Winderosion erfolgt meist auf leichten Böden. Bei dieser Erosion wird der Boden angehoben und der Wind weht die obersten Bodenschichten weg. Diese werden an anderer Stelle wieder abgelagert.(Siehe auch: Äolischer Transport)